BEAT RENÉ ROGGEN

BIOKOHLE
für Brot und Klima

Wie mit einer alten Technologie nicht nur das Pariser Klimaabkommen erfüllt, sondern zugleich die Agrarwirtschaft weltweit auf eine ertragreiche, umwelt- und klimaverträgliche Basis gestellt werden kann.

INNOVATIONSCONTAINER

Erstausgabe 2019

Copyright © by ARGE Innovationscontainer und
Beat René Roggen, CH-5415 Nussbaumen

Herausgeber: Arbeitsgemeinschaft
Innovationscontainer

Herstellung und Verlag: BoD Books on Demand
Norderstedt

ISBN 978-3-7347-7029-6

Disclaimer

Das vorliegende Werk dient der allgemeinen Orientierung über Möglichkeiten und Chancen, die sich im energie-, umwelt- und klimapolitischen Bereich auftun und die geeignet erscheinen, der ins Virtuelle abdriftenden *Klimapolitik der Strasse* einen neuen Boden unter die Füsse zu legen. Die Publikation soll zugleich den Willen der Arbeitsgemeinschaft Innovationscontainer zum Ausdruck bringen, den realitätsbezogenen Innovationen und konzeptuellen Arbeiten des Netzwerks in diesen hochsensiblen Bereichen zum Durchbruch zu verhelfen. Autor und Herausgeberin lehnen umgekehrt jede Haftung ab für Irritationen und Schäden, die sich aus Fehlinterpretationen oder Missbräuchen der hier vermittelten Informationen ergeben können.

Anmerkungen des Verfassers

Das vorliegende Buch wurde nicht nach fachlichen oder wissenschaftlichen, sondern nach journalistischen Kriterien verfasst – als eine Mischung von Analysen, Berichten, kritischen Betrachtungen sowie Beschreibungen innovativer Systeme, die geeignet erscheinen, das Pariser Klimaabkommen pragmatisch und unter Stiftung weiteren weltweiten Nutzens umzusetzen. Nicht durch einen Totalverzicht auf die Verwendung fossiler Brenn- und Treibstoffe, wie dies vor allem in Mitteleuropa unter Ausblendung jeden ressourcenspezifischen, umwelttechnischen, gesellschaftlichen und geopolitischen Realitätsbezugs ultimativ gefordert wird, sondern durch Kohlenstoff-Recycling.

Tatsächlich lässt sich das, was die Köhler seit Jahrhunderten praktizieren, in moderner und skalierbarer Form für die Integration der fossilen Energieträger in den natürlichen Kohlenstoff-Kreislauf nutzen. Allerdings erfordert dies eine gewisse Demut der Natur gegenüber und nicht jene Überheblichkeit mancher selbsternannter Klimapropheten, die allen Ernstes der Meinung sind, man müsse der unvollkommenen Natur auf die Sprünge helfen.

Aus methodischer Sicht wurde für den Hauptteil des Inhalts der vorliegenden Publikation die Form eines Thesenpapiers gewählt, welches die Erkenntnisse, Fakten, Hypothesen und Vorschläge in kurzen Statements zur Darstellung bringt. Dies weniger als Konzession an die derzeit grassierende Twitter-Kultur als vielmehr in der sachbezogenen Absicht, die einzelnen Gedanken, Thesen und Vorschläge besser

hervorheben und abgrenzen zu können, als dies
üblicherweise in einem Fliesstext möglich ist.

Eine weitere Vorbemerkung betrifft das sogenannte Gender-
Mainstreaming, das sich heute, getragen von der Forderung
nach ultimativer „political correctness", in immer mehr Texte
einschleicht mit dem Ergebnis, dass in einer Zeit der sich
pandemisch ausbreitenden SMS-Kultur und der damit
einhergehenden kollektiven Leseschwäche die Lesbarkeit der
Texte immer weiter erodiert. In diesem Sinne wird hier auf
eine „Verweiblichung" und (neu) „Versächlichung" personen-
und funktionsbezogener Sachverhalte bewusst zugunsten der
männlichen Grundform verzichtet und lediglich dort
differenziert, wo sich Gegebenheiten entweder auf das eine
oder das andere Geschlecht beziehen.

Inhalt 1. Teil

Kapitel 12

Eine Rechnung, die aufgeht!

Probe aufs Exempel: Wenn die Schweiz die Beiträge für den internationalen Klimaschutz ins CO2-Recycling statt in diffuse Projekte von zweifelhaftem klimaspezifischem Nutzen steckt, so ist das Land in 12 Jahren klimaneutral!

Seite 79

Inhalt 2. Teil: Appendices und Epilog

Appendix 1

Kann die Justiz es richten?

Der Versuch vieler Gruppierungen in aller Welt, die Gerichte für den Klimaschutz einzuspannen, dürfte vor allem kontraproduktive Wirkungen zeitigen.

Appendix 2

An der Biokohle kann die Welt genesen:

Die weltweite Herstellung von Biokohle rettet nicht nur Klima und Agrarwirtschaft, sondern schafft auch einen neuen Markt für ein faszinierendes Produkt.

Appendix 3

Dank Biokohle-Strategie:

Neue Perspektiven für die Effizienz und die Wirtschaftlichkeit von Abwasserreinigungs-Anlagen

Appendix 4

Der „Kyoto-Antrieb":

**Neue Zukunft für den totgesagten Verbrennungsmotor
– dank Biokohlen-Strategie auf der einen und höchster
Ressourcen-Effizienz auf der anderen Seite.**

Appendix 5

Hocheffiziente lokale Versorgung mit Kraft und Wärme:

**Biokohlen-Strategie und „Kyoto-Antrieb" machen den
Weg frei für eine dezentrale Energieproduktion, die
höchsten Ansprüchen an Versorgungssicherheit und
Wirtschaftlichkeit entspricht.**

Appendix 6

Zeitbombe Mikroplastik:

**In der Biokohlen-Strategie liegt auch ein Schlüssel
zur Rettung der Weltmeere.**

Appendix 7
Vom Plan zur Tat:
Unter der Ägide eines Vereins zur Förderung der Bio-Pyrolyse soll in der Schweiz eine Versuchs- und Musteranlage zur Herstellung von Biokohle aus Biomasse entstehen.
Seite 132

Appendix 8
Anstiftung zur Mitwirkung:
Eine Mitgliedschaft beim geplanten „Verein zur Förderung der Bio-Pyrolyse" lässt Sie an vorderster Front an einem Projekt zur Sicherstellung der Energie- und Ernährungsgrundlagen teilnehmen, welches das ökologisch und sozial Wünschbare mit dem technisch und ökonomisch Machbaren kombiniert.
Seite 139

Appendix 9
Das Modell PYR-A-SOL
Projektskizze für die Schaffung eines universellen, autarken und sich in den Kreislauf der Natur eingliedernden Versorgungs- und Bewirtschaftungssystems
Seite 144

Prolog:
Vom Wort zur Tat

Um es gleich vorwegzunehmen: **Das Klimaabkommen von Paris ist Makulatur.** Dies zumindest in Bezug auf die Art und Weise, mit der man heute aufgrund nationaler Klimaschutzpläne die Erreichung seiner Ziele angeht – nämlich durch die schrittweise Reduktion des Verbrauchs fossiler Brenn- und Treibstoffe bis hin zum Totalverzicht im Jahr 2050. Diese **Strategie ist weder technisch noch politisch realisierbar.** Dies vor allem aus zwei Gründen:

Erstens lassen schon die Zwischenberichte über die kurzfristig getroffenen und noch zu treffenden Massnahmen erkennen, dass **das Ziel weder in Bezug auf den vorgegebenen maximalen Temperaturanstieg von 2°C noch innerhalb der gesetzten Frist zu erreichen sein wird.** Bezeichnenderweise nehmen die mit der Umsetzung befassten Regierungen unverzüglich den Finkenstrich, sobald schmerzhafte und unpopuläre Einschränkungen erkennbar werden; dann mutieren harte Massnahmen allsogleich in unverbindliche, diffuse Absichtserklärungen.

Damit wird immer deutlicher erkennbar, dass es sich bei diesem allseits hochgelobten Paper in Tat und Wahrheit um **ein auf ungesicherten Grundlagen basierendes Gedankenwerk** handelt, welches sich in Ermangelung von Fakten an virtuellen Zielvorstellungen orientiert. Ein Dokument des politischen Zeitgeistes also, zu dessen Hauptcharakteristiken es gehört, dass man sich umso besser auf Ziele zu einigen vermag, je weniger fassbar diese erscheinen.

Zweitens haben die hochdotierten Teilnehmerinnen und Teilnehmer der Konferenzen von Paris und Marrakesch, die doch eigentlich als Spezialisten ihres Fachs über die sich anbietenden und realisierbaren Klimaschutz-Technologien hätten auf dem Laufenden sein müssen, **eine absolut entscheidende Entwicklung total ignoriert – nämlich die Möglichkeit, CO-2 zu wirtschaftlichen Konditionen zu rezyklieren.** Und dies erst noch auf der Grundlage von Basis-Erkenntnissen, welche bereits früheren Generationen zur Verfügung standen. Man hätte somit bei einer gründlichen Bestandsaufnahme zwingend auf diese Option stossen müssen, selbst wenn man die jüngsten Entwicklungen in dieser Sache verpasst oder verschlafen hätte.

Tatsächlich kann mittels einer neuen und relativ einfach anwendbaren Technologie das in die Atmosphäre entweichende Kohlendioxid unter Abscheidung des Sauerstoffs in einen stabilen Kohlenstoff zurückverwandelt werden. Und effektiv ist dies derzeit **die einzige Möglichkeit, die gesteckten CO-2-Reduktionsziele früher oder später erreichen zu können.** Denn nur wenn man den Prozess auch umkehren und Kohlenstoffe aus Anthrazit, Erdgas und Erdöl nach Gebrauch wieder in Kohle zurückverwandeln kann – und dies erst noch auf wirtschaftliche und Nutzen stiftende Art und Weise – können die durch die fossilen Brenn- und **Treibstoffe in die Atmosphäre gelangten CO-2-Frachten wieder abgebaut werden.**

Offen bleibt dann immer noch die Frage, ob die derzeit mehrheitsfähigen **Hypothesen der Klimaforscher, wonach eine Zusatzbelastung um 150 Gigatonnen CO-2 einen Temperaturanstieg von ca. 0,1° C nach sich ziehe**, tatsächlich Hand und Fuss haben und ob es sich bei der aktuellen Entwicklung des Klimas nicht einfach um Koinzidenzen verschiedener klimabestimmender Faktoren handelt, wie dies im Verlaufe der letzten Jahrmillionen offenbar schon mehrmals geschah. Doch wie dem auch immer sei: **Durch das Pariser Klimaabkommen wurde eine neue Realität geschaffen**. Und die ist letzten Endes alles andere als negativ zu werten. Denn:

Ungeachtet aller unrealistischen Vorstellungen über die Art der Umsetzung bietet der **aktuelle internationale Konsens über Ursachen des Klimawandels und über Strategien zu dessen Abschwächung oder Einhalt eine absolut einmalige Gelegenheit zu einer weltweiten Sicherung der Ernährungsgrundlagen**. Eine Chance, die es unbedingt zu nutzen gilt. Denn die heutige Entwicklung, die einerseits durch grossflächige, quasi-industrielle und mit Klumpenrisiken behaftete Anbaumethoden und anderseits durch eine unaufhaltsam wachsende Weltbevölkerung gekennzeichnet ist, wird früher oder später ins Desaster führen. Tatsächlich ist das Verhängnis mit konventionellen Massnahmen kaum mehr aufzuhalten. **Zumal an allen Ecken und Enden die Mittel fehlen, welche erforderlich wären, um das Steuer herumzureissen und zu Strukturen des menschlichen Masses zurückzukehren.**

Die wiederentdeckte und mit aktuellen technischen Mitteln perfektionierte Methode der **Grüngut-Pyrolyse, wie sie in**

Ansätzen der seit Jahrhunderten praktizierten Köhlerei zugrunde liegt, haben neu eine Technologie entstehen lassen, mit der sich nicht nur die das Klima belastende CO-2-Fracht neutralisieren lässt, sondern mit der zugleich auf Generationen hinaus die Ernährungsquellen gesichert werden können. Dies mit dem Mittel der durch die Biomassen-Pyrolysierung generierten Biokohle, die nicht nur einen **perfekten Bodenverbesserer** abgibt, sondern – unter der Voraussetzung eines umsichtigen Einsatzes – ein **Fertilitätsförderer ohnegleichen ist**.

Und mit dem Instrument der **CO-2-Zertifikate, die durch das Pariser Klimaabkommen nachhaltig gestützt werden** und lediglich noch einer Fokussierung auf das Kohlendioxid-Recycling statt auf diffuse klimaschonende Investments unterschiedlichster Interpretation bedürfen, **kann das Vorhaben nahezu problemlos finanziert werden.** Die Agrar- und Ernährungspolitik verbindet sich damit auf geradezu ideale Weise mit der Klimapolitik.

Ausserdem – und dieser Aspekt verdient ganz besondere Beachtung – sind die im Rahmen dieser Strategie zu treffenden Massnahmen kurzfristig umsetzbar. Unter anderem deshalb, weil es dafür **keiner weiteren internationalen Vereinbarungen bedarf.** Vielmehr lassen sich die Einzelschritte des Konzepts – getragen von nationalen und internationalen Energiefonds, nationalen CO-2-Agenturen, Entitäten der Entwicklungshilfe sowie von Stiftungen und Sponsoring-Aktivitäten aller Art – unverzüglich umsetzen.

Es wäre wohl töricht, diese einmalige Chance ungenutzt verstreichen zu lassen.

Kapitel 1

Das Pariser Klimaabkommen:
Die Zielsetzung ist richtig, aber die Strategie ist falsch!

I.

Das Pariser Klimaabkommen fusst auf der These, wonach die massive Freisetzung von CO-2 aus fossilen Brenn- und Treibstoffen zu einem globalen Temperaturanstieg führe oder zumindest ursächlich und massgeblich zu diesem beitrage.

II.

Diese These mag partiell richtig sein, doch gibt es dafür keinerlei wissenschaftliche Beweise. Die bloss partielle Richtigkeit fusst darauf, dass in den letzten 30 Jahren das Biomasse-Volumen weltweit um über 10 Prozent angestiegen ist und auch die Ozeane viel CO_2 absorbiert haben.

III.

Falsch erscheint in diesem Zusammenhang auch die Aussage, wonach die derzeit jährliche Fracht von 50 Gigatonnen Kohlendioxid die Temperatur in 3 Jahren um 0,1° C ansteigen lasse; niemand kann sagen, welcher Teil dieser Fracht in die Vegetation, welcher ins Wasser geht und welcher zu einer Erhöhung der Temperatur führt.

IV.

Ungeachtet dessen sieht das Klimaabkommen von Paris einen schrittweisen Abbau der Nutzung fossiler Energieträger vor. Bis 2050 soll die Verwendung von Erdöl, Erdgas und Kohle gänzlich zum Erliegen kommen.

V.

Eine entscheidende Rolle für die Realisierung dieses ehrgeizigen Plans spielt die Zeitachse. Denn evolutive Prozesse mit all ihren Imponderabilien, Interaktionen, Sekundär- und Tertiärwirkungen benötigen sehr viel Zeit. Und sie unterliegen zugleich dem Prinzip von try and error, was ihre Planbarkeit enorm einschränkt.

VI.

Würden die genannten Verbrauchszahlen in Relation zum Temperaturanstieg tatsächlich zutreffen, so wäre das Primär-Limit eines Anstiegs auf maximal 1,5° seit der Industrialisierung bereits im Jahr 2020 erreicht – was zeigt, wie wenig sich die in Paris formulierten Zielvorstellungen mit den Realitäten decken.

VII.

Etwas mehr „Luft" würde demgegenüber das höhere bzw. alternative Minimalziel einer Temperaturerhöhung um 2° C seit Industrialisierungsbeginn bieten: Hier würde die ultimative Schmerzgrenze bei einer Stabilisierung des Verbrauchs erst im Jahre 2032 erreicht, bei einer massiven

Drosselung allenfalls erst anno 2035 oder 2037. Danach aber dürfte kein Tropfen Oel, kein Gramm Kohle und kein Kubikzentimeter Erdgas mehr verbrannt werden. Auch diese Vorstellung dürfte weit vom Realismus entfernt sein, wenn man weiss, wie sehr manche Staaten auf die Förderung von fossilen Energieträgern angewiesen sind.

VIII.

Um angesichts dieser engen Zeitvorgaben den Hauch einer technischen Realisierbarkeit zu erhalten, müssten bereits heute technische Konzeptionen oder Pläne vorliegen, die viel weiter gehen als die vagen Klimaschutzpläne, die vielerorts auf lateraler Basis aufgelegt wurden. Diese enthalten in der Regel bloss Sammelsurien von Ideen, Entwürfen und Absichten. Und nicht wenige stossen bereits auf heftigen Widerstand und lösen Einwände wie auch Gegenentwürfe aus. Man denke in diesem Zusammenhang bloss an die „Gilets Jaunes" in Frankreich!

IX.

Es ist anderseits auch wenig hilfreich, technische Entwicklungen gesetzlich und reglementarisch antizipieren zu wollen. Anschauungsunterricht dafür, was in solchen Fällen geschieht, bietet die sattsam bekannte Trickserei bei der Steuerungssoftware von Dieselmotoren. Unrealistische Forderungen führen denn auch meist ins Desaster und zu einer Kaskade von Schuldzuweisungen statt zu guten Lösungen.

X.

Auf der wirtschaftlichen Seite hört die Phantasie meist dort auf, wo es darum geht, die Kosten einer entsprechenden fundamentalen Substitution zu veranschlagen und Modelle zur Finanzierung des Vorhabens zu entwickeln. Alles, was man dazu hört, ist die Prognose, dass sich die Energieversorgung voraussichtlich erheblich verteuern werde und dass die Rettung des Klimas eben nicht zum Nulltarif zu haben sei.

XI.

Ketzerische Frage: Woher soll das Geld kommen, wenn heute schon an allen Ecken und Enden die Mittel zur Korrektur von Fehlentwicklungen fehlen und wenn sich die Europäische Zentralbank – als pars pro toto – mit schwindelerregenden Summen auf Jahrzehnte und wohl auch Generationen hinaus verschuldet, um bloss die grössten Verbindlichkeitslöcher zu stopfen und das Boot knapp über Wasser halten zu können?

XII.

Noch schlimmer sieht es auf der politischen Seite aus, die schon ausgesprochene Fata Morgana-Qualitäten aufweist. Hier erschöpfen sich die Hauptleistungen im Herbeireden und im Schönschwatzen. Wo es konkret zu werden droht, nimmt der Wille zur Veränderung auf der langen Bank Platz. Die offene Kontestation von Donald Trump und die vorderhand noch kryptische von Wladimir Putin stellen hier lediglich die Spitze eines Eisbergs dar.

XIII.

Wie weit deklamatorische Leistung und Realität
auseinanderklaffen, kann man aber auch in der Schweiz
bestaunen, die sich ja unter dem Fähnlein einer
beneidenswert optimistischen Bundesrätin Doris Leuthard
einmal mehr als Musterknabe zu positionieren sucht. Das
planwirtschaftlich orientierte Energiegesetz, zu dessen
Gutheissung sich der Souverän vom besagten Optimismus der
UVEK-Vorsteherin anstecken liess, wird keineswegs
ausreichen, die Ziele des Pariser Klimaabkommens nur
annähernd zu erreichen. Dazu wären nicht bloss plan-
sondern geradezu kriegswirtschaftliche Massnahmen nötig.
(Zur Erinnerung: Während des 2. Weltkriegs fuhren in der
Schweiz die Personen- und Lastwagen mit Holzvergasungs-
Systemen statt mit Benzin und Diesel umher).

XIV.

Wer beispielsweise die Wirtschaftsstruktur von Russland
einer näheren Betrachtung unterzieht, muss zur Feststellung
gelangen, dass das Land gar nicht auf die Ausbeutung seiner
fossilen Energieträger-Lagerstätten verzichten kann – weder
wirtschaftlich noch politisch.

XV.

Und bei einer Überprüfung der Stellungnahmen
verschiedener Länder fällt auf, dass das scheinbare
Einheitspapier von Land zu Land völlig unterschiedlich
interpretiert wird. So beziehen sich beispielsweise die
Verbrauchsdrosselungen bei mehreren Ländern nicht auf den

Gesamtverbrauch, sondern lediglich auf die Verbrauchszunahme.

XVI.

Weiter fällt auf, dass Deutschland zwar zur Rettung seiner Glaubwürdigkeit einen Ausstieg aus der Kohlenverstromung zu immensen Kosten beschlossen hat, aber nach wie vor nicht weiss, wie es seine Stromlücken zwischen dem Photovoltaik-Flatterstrom und dem zu einer kontinuierlichen Versorgung erforderlichen Bandstrom decken soll. Und zugleich stellt man fest, dass China weiterhin munter Kohlekraftwerke baut.

XVII.

Fazit: Wer sich in unserer von Fake News geprägten Zeit bloss ein Gran Realitätssinn bewahrt hat, muss erkennen, dass an eine Umsetzung des Pariser Klimaabkommens durch einen Verzicht auf fossile Energieträger nicht zu denken ist. Demzufolge müssen die Zielsetzungen des Abkommens auf andere Art realisiert werden, wenn an diesen festgehalten werden soll.

XVIII.

Denn bei allen Widersprüchen, mit welchen die heutige Klimapolitik behaftet ist, dürfte es dennoch Sinn machen, an den gesetzten Zielen festzuhalten. Dies allerdings nicht im Sinne eines Verzichts, sondern durch die Integration des Verbrauchs fossiler Energieträger in den Kohlenstoff-Kreislauf der Natur.

XIX.

Dass dies möglich ist, zeigen die Reaktionen der Natur auf den steigenden Ausstoss von CO2: Die weltweite Zunahme des Biomasse-Volumens ist ein deutlicher Fingerzeig dafür, dass sich hier ein vielversprechender Weg auftut.

Kapitel 2

Die pragmatische Lösung:
Nicht CO-2-Vermeidung, sondern CO-2-Recycling!

I.

Ganz offensichtlich rächt es sich heute, dass sich die Politik seit langer Zeit nicht mehr im pragmatischen, sondern im virtuellen Raum bewegt. Deshalb wurde im Vorfeld der Konferenzen von Paris und Marrakesch wie auch der Folgekonferenzen von Bonn und Kattowitz denn auch auf eine sachliche Bestandsanalyse und eine umfassende Suche nach valablen Alternativstrategien verzichtet.

II.

Sonst wäre wohl aufgefallen, dass es neben unwirtschaftlichen und technisch kaum durchführbaren Methoden und Verfahren zur CO-2-Neutralisation (wie beispielsweise die Ablagerung von CO-2 in Basaltgestein oder die auf CO2-Einlagerung in alten Oel-, Gas- und Kohlelagerstätten setzende BECCS-Strategie) eine Technologie mit technischem Machbarkeitsnachweis und eigenwirtschaftlicher Basis gibt: Die Umwandlung von Biomasse in Biokohle.

III.

Bei diesem Verfahren wird Biomasse aller Art – wie beispielsweise Reststoffe aus Land- und Forstwirtschaft, aus Gartenbau, Nahrungsmittel-Produktion, aber auch Braunkohle und Klärschlamm – in einem pyrolytischen Prozess in Wärme und Biokohle umgewandelt. In der letzteren werden ca. 50 % der zugeführten Kohlendioxid-Fracht fest eingebunden und damit der Atmosphäre auf Dauer entzogen.

IV.

Biokohle ist ein wertvoller, biologisch unbedenklicher und vielseitig verwendbarer Rohstoff. Dies unter anderem für die Landwirtschaft, wo er sich als universeller Bodenverbesserer für zu nasse und zu trockene oder zu dichte Böden und als Mineraldünger einsetzen lässt.

V.

Von besonderem Interesse ist das Verfahren auch für Kläranlagen, wo sich Klärschlamm unter Beigabe von Trocken-Biomasse (wie beispielsweise Holzschnitzel oder Braunkohle) zu Aktivkohle als Flockungsmittel und als Filtermaterial für die vierte Klärstufe (zur Ausfilterung von Mikroverunreinigungen) einsetzen lässt, das sonst teuer zugekauft werden muss.

VI.

Wertvolle Funktionen erfüllt Biokohkle aber auch für verschiedenste Hygienisierungsaufgaben in der Viehwirtschaft, als Mittel für den Ausgleich der Luftfeuchtigkeit und für die Abwehr unerwünschter Strahlungen im Bauwesen, als Filter- und Absorbermaterial im Gewässerschutz, in der Trinkwasseraufbereitung und in der Luftreinhaltung, bei der Sanierung von stehenden Gewässern und von Deponien, im Bereich der Spezialtextilien und der Verbundwerkstoffe wie auch in der Nahrungsmittelproduktion und in der Medizin.

VII.

Das Verfahren ist nicht nur umweltspezifisch, sondern auch energietechnisch und wirtschaftlich interessant. In der Energietechnik lässt sich mit dem neuartigen pyrolytischen Verfahren Prozesswärme (z.B. für Trocknungs- und Heizzwecke) gewinnen, die – da aus Biomasse gewonnen – absolut klimaneutral ist und die auch für die Stromproduktion genutzt werden kann.

VIII.

Wirtschaftlich steht das Verfahren auf drei Beinen, nämlich der Energieproduktion, der Produktion von Biokohle für multiple Anwendungen wie auch für das Generieren einer neuen Qualität von CO-2-Zertifikaten, die nicht auf einer diffusen CO-2-Vermeidung, sondern auf einer realen und quantifizierbaren CO-2-Neutralisierung basieren.

IX.

Diese neuen und auf CO-2-Recyclingleistungen gründenden
Zertifikate, deren Effekt klar mess- und nachweisbar ist,
basiert auf Kohlenstoff-Aequivalenten, wobei 1 kg Biokohle in
etwa dem Kohlenstoff entspricht, der mit der Verbrennung
von 1 kg Heizöl in der Form von CO-2 freigesetzt wird.

X.

Die neuen, gleichsam „authentischen" Zertifikate sind in
Qualität und Effekt nicht vergleichbar mit jenen, die heute
gehandelt werden. Sie müssen demzufolge neu kategorisiert
– beispielsweise als C-Zertifikate – und gegenüber den alten
Zertifikaten abgegrenzt werden.

XI.

Zugleich ermöglichen die neuen Zertifikate die Schaffung
neuer Angebote für fossile Brennstoffe; dies in der Form von
CO-2-kompensiertem Erdöl (bzw. Erdöl-Derivaten), Erdgas
und Kohle. Da diese Stoffe zentral erfasst werden können,
würden sowohl die Administration wie auch die Kontrolle
gegenüber der heutigen, reichlich dispersen und diffusen
Praxis wesentlich professionalisiert und vereinfacht.
Ausserdem würde eine volle Transparenz auf internationaler
Basis geschaffen, und zugleich bestünde die Option zur
Schaffung einer Klima-Kryptowährung.

Tatsächlich könnte auf diese Weise nach und nach die gesamte Fracht des aus fossilen Energieträgern freigesetzten Kohlendioxids kompensiert werden. Damit wäre denn auch eine reale und pragmatische Umsetzung des Pariser Klimaabkommens möglich. Und mit den erforderlichen wirtschaftlichen Anreizen könnten dabei gar noch der Terminplan eingehalten und Erträge generiert werden.

Kapitel 3

Die Natur macht es vor:
Das Verfahren integriert sich in die natürlichen Kreisläufe, ist ungefährlich und technisch gut beherrschbar.

I.

Das Prinzip der Gewinnung von Biokohle aus frischem Holz ist seit Urzeiten bekannt. In unseren Breitengraden war es die Kunst der Köhler, in Waldschneisen grosse Kohlenmeiler anzulegen, in welchen das aufgeschichtete Holz unter einem dicken Erdmantel und unter teilweisem Luftabschluss in Holzkohle umgewandelt wurde. Wasserdampf und Sauerstoff entwichen dabei in die Atmosphäre, der weitgehend reine Kohlenstoff blieb zurück.

II.

Holzkohle war damals ein wichtiger Energieträger, ehe man damit begann, in grossem Stil fossile Kohle abzubauen und diese über weite Strecken zu transportieren. Später fand man in Erdöl und Erdgas noch leichter und effizienter nutzbare Energieträger, die eine rasche und sich nach und nach über den ganzen Erdball ausdehnende Industrialisierung und Schaffung von Verkehrswegen ermöglichten.

III.

Allerdings blieb dabei der natürliche Kreislauf unbeachtet, der dafür sorgt, dass der genutzte Kohlenstoff auch wieder zurück zur Erde findet. Vielmehr ging man davon aus, dass die Atmosphäre über eine unbeschränkte Aufnahmekapazität für Kohlendioxid verfüge. Erst allmählich wurde gewissen Klimatologen bewusst, dass mit der unbekümmerten Freisetzung von Kohlendioxid ein grösseres Klimaproblem entstehen könnte.

IV.

Inzwischen ist dieser Sachverhalt unter dem Titel „Klimawandel" allgemein bekannt und akzeptiert, obwohl man sich über das Ausmass noch nicht im Klaren ist und die Relation zwischen Kohlendioxid-Freisetzung und globalem Temperaturanstieg auf groben und in keiner Art und Weise konsolidierten Schätzungen beruht. Anderseits wurde durch das Pariser Klimaabkommen eine neue Realität geschaffen, welcher es Rechnung zu tragen gilt.

V.

Mit den neuen pyrolytischen Verfahren, die sich nicht nur für die Verarbeitung von Holz, sondern auch für die Transformation nahezu jeder Form von Biomasse in Biokohle eignen, klinkt man sich somit wieder in den Kreislauf der Natur ein, der den oxidierten Kohlenstoff über die Photosynthese absorbiert. Zugleich sorgt man dafür, dass die fossilen Brennstoffe als universelle Energieträger neben den unregelmässig anfallenden oder vergleichsweise teuren alternativen Energieträgern wie Windenergie und Fotovoltaik erhalten bleiben und so eine Basisversorgung im Energiebereich sicherzustellen vermögen.

VI.

Den neuen, zielführenden Konstruktionsprinzipien gingen verschiedenste Versuche voraus, die jedoch eher von kurzfristigem Gewinnstreben denn von technischer Vernunft geprägt waren. Das hat den Ruf der Technologie erheblich ramponiert, statt ihn zu stärken. Dabei hätte man aufgrund historischer Erfahrungen mit der Köhlerei eigentlich wissen müssen, dass und wie die Sache funktioniert.

VII.

Und man hätte aufgrund früherer Erfahrungen mit dem Einsatz von Biokohle in der Agrarwirtschaft auch Kenntnis davon nehmen müssen, welch wertvolle Rolle dieses biologische Produkt als Mittel zur Bodenverbesserung und zur Mineralstoffdüngung spielen kann. Dies umso mehr, als heute biologische Produkte immer stärker nachgefragt werden.

VIII.

Bekanntlich spielt in der Landwirtschaft nebst den klimatischen Verhältnissen die Beschaffenheit der Böden eine entscheidende Rolle. Trockenheit, Staunässe, Überdüngung, Vergandung sowie Belastung durch verschiedenste unerwünschte Fremdstoffe können sich stark ertragsmindernd auswirken.

IX.

Die Biokohle wirkt hier als universelles und perfektes
Optimierungs- und Sanierungsmittel, welches den
agrarwirtschaftlich genutzten Böden zu einer neuen Struktur
verhilft und dank der Tatsache, dass das Material nicht
verpappt, die Ackerkrume locker hält und den Aufwand für
die Bodenbearbeitung erheblich zu senken vermag; was für
eine moderne, biologisch orientierte Agrarwirtschaft von
grösstem Wert und Nutzen ist.

X.

Tatsächlich hat Biokohle die Fähigkeit, Wasser in trockenen
Böden zu speichern und langsam abzugeben, umgekehrt aber
auch zu nasse Böden zu drainieren und kompakte Böden – die
zum Beispiel durch den Einsatz schwerer Landmaschinen zu
stark verdichtet wurden – zu lockern. In solchen Fällen – aber
auch bei „normalen" Böden, von welchen die meisten
durchaus noch Optimierungspotenzial haben – lassen sich die
Erträge durch den Einsatz von Biokohle in der Regel
signifikant steigern.

XI.

Ausserdem wirkt Biokohle als erstklassiger Mineralstoff-
Dünger, werden doch die von den Pflanzen aufgenommenen
Mineralien bei der Pyrolyse in der Kohle abgelagert, von wo
sie nach und nach wieder freigegeben werden. Im Weiteren
kann Biokohle mit einem Bio-Düngemittel – beispielsweise
mit phosphorhaltigem Harn – angereichert und dadurch zu
einem optimal umweltverträglichen Universaldünger gemacht
werden. Umgekehrt verhindern mit Biokohle angereicherte

Äcker die Kontaminierung des Grundwassers mit chemischen Düngemitteln und Pestiziden, wodurch im gleichen „Aufwisch" ein weiteres zunehmend dringenderes Problem gelöst wird.

XII.

Dass mit der Verwendung von Biokohle als Bodenverbesserer und Düngemittel für die Landwirtschaft keineswegs Neuland beschritten, sondern – wenn auch in erheblich optimierter und konsequenterer Form – auf Bewährtes zurückgegriffen wird, zeigt das Beispiel der südamerikanischen „terra preta", einer Art Kompostierungs-Kultur, an welcher die Pflanzenkohle einen wichtigen Anteil hatte und zum Teil heute noch hat.

Kapitel 4:

Biokohle – ein hochwertiger, natürlicher Stoff für unzählige Nutzanwendungen.

I.

Mit der Biokohle resultiert aus dem CO-2-Recycling durch Biomasse-Pyrolyse ein optimal umweltverträglicher und nahezu universell einsetzbarer Basisstoff, für den weltweit ein grosser und aufnahmefähiger Markt besteht und der entscheidend dazu beitragen kann, die Umwelt von belastenden und potentiell gefährlichen Stoffen zu entlasten und zugleich die Ernährungsgrundlage für kommende Generationen zu sichern.

II.

In der Agrarwirtschaft dient Biokohle – wie in Kapitel 3 bereits dargelegt – als universelles Mittel zur Bodenverbesserung und Düngung: Dichte Böden werden gelockert und optimal für die Aufnahme von Pflanzenwurzeln konditioniert, während nasse Böden, in welchen jede Saat verfaulen würde, saniert und umgekehrt zu trockene Böden für eine bessere Feuchtigkeitsaufnahme und -speicherung hergerichtet werden können. Eine nachhaltige Sanierung gelingt in der Regel auch bei überdüngten und in leichtem Masse mit Schadstoffen belasteten Böden. Letzteres beispielsweise durch eine Anreicherung bzw. Verbindung der Biokohle mit Zeolith.

III.

Zugleich kann Biokohle für die Urbarisierung von Arealen genutzt werden, die bislang für die landwirtschaftliche Bewirtschaftung ungeeignet waren. Damit können weite Flächen an Brachland – von denen es weltweit riesige Mengen gibt – neu genutzt werden. Was nicht nur im Interesse der Sicherstellung von Ernährungsgrundlagen für die munter wachsende Weltbevölkerung liegt, sondern auch der Schaffung neuer wirtschaftlicher Potenziale und der Beschäftigung dienen kann.

IV.

Einen hohen Nutzen bringt Biokohle jedoch – wie im vorangegangenen Kapitel ebenfalls erwähnt – nicht nur als nachhaltiger Bodenverbesserer, sondern auch als biologisches und damit optimal umweltverträgliches Düngemittel. Denn die in der Biomasse enthaltenen Mineralien werden in der Kohle gebunden und dadurch rezykliert. Zudem kann Biokohle mit Phosphaten aus Gülle (für deren Hygienisierung ebenfalls Biokohle genutzt werden kann) angereichert werden, wodurch sie zugleich zum bioaktiven Dünger wird, der in Verträglichkeit und Effizienz jedem industriellen Düngemittel überlegen sein dürfte.

V.

Gross und vielfältig ist auch der Nutzen von Biokohle in allen Formen des Gartenbaus – angefangen bei den Zimmer- und Balkonpflanzen über den Zier- und Nutzgarten und die lokale Gemüseproduktion im Offenanbau oder Gewächshaus, die

Staudengärtnerei und die Baumschule bis hin zum Urban Farming.

VI.

In der Viehhaltung bringt die Biokohle vielfältigen Nutzen in den Bereichen der Hygienisierung von Gülle, Einstreu und Mist, aber auch als Futter-Ergänzungsmittel. In der letzteren dieser Funktionen fördert Biokohle die Qualität der Verdauung. Zugleich beugt sie Durchfallerkrankungen wie auch einer übermässigen Methanproduktion vor – was wiederum im Interesse des Klimaschutzes steht.

VII.

Sehr effizient ist Biokohle für verschiedenste Aufgaben der Luftfilterung. Sie erfasst dank ihrer geradezu riesigen Oberfläche (4 Gramm des Materials entsprechen in etwa der Fläche eines Fussballfelds) äusserst zuverlässig Feinstäube, Pollen und andere Luftverunreinigungen und hat auch die Fähigkeit, verbrauchte Luft zu regenerieren. Im Rahmen erneuter pyrolytischer Prozesse kann auch die Biokohle per se regeneriert und von Feinstäuben und anderen Schafstoffen befreit werden.

VIII.

Gut dokumentiert ist der Nutzen von Biokohle in der Trinkwasserbehandlung: Grundwasser, Quellwasser und selbst Oberflächenwasser können durch Biokohle-Filterung von jeder Verunreinigung befreit und zu gutem, geschmacklich einwandfreiem Trinkwasser aufbereitet werden. Auch hier kann das Filtermaterial durch erneute Pyrolyse regeneriert werden.

IX.

Besonders wertvoll ist der Einsatz von Biokohle in der Abwasserreinigung: Hier kann sie sowohl als Flockungsmittel für das Ausfällen von Schwebestoffen wie auch für die finale Feinst-Reinigung in der 4. Klärstufe verwendet werden. Letztere hat dank der Erkenntnisse, wie stark Mikroverunreinigungen – so insbesondere Medikamenten-Rückstände und Mikroplastik – nicht nur die Gewässer, sondern über Algen, Krill und Fische auch die ganze Nahrungskette belasten, an Bedeutung stark zugenommen. Für Kläranlagen ist die Biokohle-Pyrolyse besonders interessant, weil sie das Produkt aus dem eigenen Klärschlamm herstellen können.

X.

Aber auch stehende und fliessende Gewässer können aus der Biokohle konkreten Nutzen ziehen: Durch das Ausbringen von Biokohle in belastete Seen, Weiher und Tümpel können Phosphate, Pestizide und chemische Rückstände gebunden und die Belüftung wie auch die Sauerstoff-Aufnahmefähigkeit des Wassers gefördert werden. Und wird Biokohle flächendeckend in der Landwirtschaft eingesetzt, so wird ein Abfliessen von Düngemitteln und Pestiziden in Fliess- und Stehgewässer weitgehend verhindert.

XI.

In der Bauwirtschaft kann Biokohle als Zuschlagstoff und Mittel zur Hygienisierung, zum Feuchtigkeits-Ausgleich, zur Wärme- und Schalldämmung wie auch zur Abwehr geopathischer, elektromagnetischer und kosmischer Strahlung eingesetzt werden. Es sei daran erinnert, dass in frühen Zeiten Zwischenböden häufig mit Schlacken aufgefüllt wurden, die diese Funktion schon damals – wenn auch bloss mit einem Bruchteil der Effizienz von Biokohle – übernehmen konnten.

XII.

In der Textilwirtschaft kann Biokohle dank ihrer feuchtigkeitsabsorbierenden, hygienisierenden und geruchsbindenden Eigenschaften als Zuschlag- oder als Füllstoff zur Anwendung gelangen – beispielsweise in sogenannten funktionalen „Abstandsgeweben" und Vliesstoffen, aber auch als stabile Einlagen in Matratzen, Polstern und Decken sowie als Zusatzschichten in Unterböden und Teppichböden aller Art.

XIII.

In der Medizin und Ernährung schliesslich kennt man die positiven Wirkungen von Kohle als Säurebinder sowie als Mittel gegen Blähungen und Vergiftungen schon seit langem. Leider wurde jedoch die kostengünstige Biokohle im Laufe der Zeit durch eine Vielzahl pharmazeutischer Produkte – die in ihrer Wirkung häufig nicht an jene von Kohle heranreichen – zu einem grossen Teil verdrängt.

XIV.

In die Zukunft weist dagegen ein anderes potentielles Applikationsfeld von Biokohle: Dank ihrer extrem grossen Oberfläche von 200 bis 1000 Quadratmetern pro Gramm(!) und ihrer guten elektrischen Leitfähigkeit kann Pflanzenkohle auch als kostengünstiger Ausgangsstoff für die Herstellung von sogenannten „Supercaps" – d.h. Superkondensatoren zur Speicherung elektrischer Energie – genutzt werden. An dieser Technologie; wird derzeit intensiv geforscht. Erfolg verspricht dabei vor allem die Weiterverarbeitung des Materials zu Nanokohlenstoff.

Kapitel 5:

Welternährung / Welthunger:
Grossflächige Anbaumethoden, Agrochemie und Gentechnologie werden das Problem nicht lösen können.

I.

In einem Essay des Wissenschaftsphilosophen Henry I. Miller über das Welternährungsproblem und die Bestrebungen der UNO zur Einschränkung des Pestizideinsatzes liest sich unter dem Subtitel „Die UNO plappert Träumereien der Bio-Branche nach" der folgende bemerkenswerte Satz: „Schätzungen zufolge würden Bauern ohne Pestizide bis zu 80 % der Ernten verlieren. Die Folgen wären verheerend."

II.

Das Bestürzende daran: Miller hat vermutlich Recht. Allerdings nur, wenn der heute vorherrschende Trend zu noch grösseren Anbauflächen wie auch zum Aufkauf und zur Urbarisierung ganzer Landschaften und zu deren Bestockung mit Monokulturen nach industriellem Muster fortgesetzt und fortgeschrieben wird. Denn Monokulturen sind extrem anfällig auf Krankheiten, Unkraut und Schädlings-Populationen, die hier ohne permanente Abwehr-Massnahmen gleichsam paradiesische Zustände vorfinden.

III.

Typisches Beispiel dafür ist die Cavendish-Banane: Die Trägerpflanzen dieser Bananensorte, die heute den Weltmarkt von über 20 Millionen Tonnen pro Jahr total beherrscht, wird nicht durch Samen, sondern durch Junfernzeugung – d.h. durch Stecklinge – vermehrt. Die Pflanzen sind dadurch genetisch identisch, was sie extrem krankheitsanfällig macht. Die Cavendish-Plantagen werden heute durch den Pilz TR4 bedroht, welcher derzeit eine Pflanzung nach der anderen heimsucht und restlos vernichtet. Fieberhaft wird deshalb an neuen Züchtungen gearbeitet.

IV.

Wenn es gelingt, eine neue ertragreiche Züchtung zu realisieren, die gegenüber dem Pilz TR4 resistent ist, so handelt es sich dabei lediglich um eine Lösung auf Zeit. Denn auch das Erbmaterial der Pilze ist der Mutation unterworfen, weshalb davon auszugehen ist, dass auch eine neue Sorte früher oder später von einer anderen Pilzkrankheit eingeholt wird. Einen wirksamen Schutz vor solchen Entwicklungen vermag nur eine genetische Vielfalt zu bieten, die aber eine grossflächige industrielle Produktion grundsätzlich in Frage stellt.

V.

Das Dilemma, dem der grossflächige Anbau von Nutzpflanzen unterworfen ist, zeigt sich aber auch im Streit um die weitere Zulassung des Herbizids Glyphosat. Dieses steht unter dem Verdacht, krebserregend zu sein. Bisherige Untersuchungen haben dafür zwar keine klaren Resultate geliefert, doch geht der allgemeine Mainstream heute in die Richtung, auf chemische Substanzen zu verzichten, die für Mensch und Natur ein unmittelbares oder mittelbares Risiko darstellen. Selbst wenn die Zulassung in der EU und anderen Staaten verlängert werden sollte (Kalifornien hat das Mittel jüngst als potentiell krebserregend eingestuft), ist davon auszugehen, dass der Streit über die Wirkung dieses heute weltweit universell und in grossen Mengen eingesetzten Unkrautvertilgers weitergehen und auch auf andere Wirkstoffe übergreifen wird.

VI.

Seitens der Grossfarmer wird dabei geltend gemacht, dass ein Verzicht auf das Mittel zu schweren Ernteeinbussen führen würde. Anderseits wurde jedoch festgestellt, dass erste unerwünschte Kräuter, die mit dem Mittel bekämpft werden sollen, bereits Resistenzen gegen Glyphosat zu entwickeln beginnen. Daraus wird ersichtlich, dass Grossanbau-Methoden einerseits mit stets grösseren oder kleineren Kontaminations-Risiken einhergehen und dass diese Anbaumethoden zugleich mit einem steten Wettlauf zwischen Pestiziden auf der einen und mit Resistenzen von Unkräutern, Insekten und Krankheitserregern auf der anderen Seite verbunden sind.

VII.

Und dann gibt es noch ein Problem, auf welches die grossindustriellen Anbaumethoden mit ihren Rationalisierungseffekten keine Antwort wissen: Es reicht nicht, die Leute mit Nahrung zu versorgen; sie müssen auch beschäftigt werden. Deshalb lassen Grossanbau-Projekte vor allem Geld in die Taschen der Entscheidungsträger fliessen, während Land und Bevölkerung, welchen für ihre Existenz nur der eigene Boden zur Verfügung steht, ihrer Lebensgrundlage beraubt werden. Das Ganze ist vergleichbar mit Nahrungsmittelhilfen, die lediglich eine zeitlich beschränkte Erleichterung dort zu bringen vermögen, wo es ums nackte Überleben geht – aber keine keine dauerhafte Problemlösung bieten.

VIII.

Konkret bedeutet dies, dass zur Sicherung einer befriedigenden und dauerhaften Ernährungsgrundlage auf ein System gesetzt werden muss, welches schonende Nutzung der Böden mit Flexibilität, Diversifikation, Beschäftigungswirksamkeit und einem hohen Eigenversorgungsgrad verbindet. Gerade der letztere dieser Aspekte ist nicht zu vernachlässigen, wenn es um die Lebens- und Überlebensfähigkeit agrarischer Gemeinschaften geht.

IX.

In Entwicklungsländern, deren produktive Areale heute grossflächig aufgekauft und in Grossfarmen umgewandelt werden – mit dem Resultat, dass einerseits wertvolle Ausgleichsflächen verloren gehen und anderseits der ansässigen Bevölkerung nach und nach die eigene Ernährungs- und Existenzgrundlage entzogen wird – ist deshalb ein semi-subsistenzwirtschaftliches agrarisches Produktions- und Versorgungssystem anzustreben, bei dem

die direkt und indirekt in der Landwirtschaft beschäftigte
Bevölkerung primär die eigene Versorgung sicherstellt und
sich durch den Verkauf eines Teils ihrer Leistung ein
zusätzliches Einkommen schafft.

X.

Ob die Gentechnologie hier in ihrer heutigen Ausrichtung eine
Lösung zu bieten vermag, ist fraglich: Sie vermag es allenfalls
dort, wo sie zur Schöpfung genetischer Varianten und nicht
zur Monopolisierung von standardisiertem Saatgut genutzt
wird. Sonst schafft sie mit ihrer Tendenz zur Schaffung
monogenetischer Grossplantagen auf längere Sicht lediglich
die Probleme; die sie heute zu lösen vorgibt.

XI.

Derzeit geht die Entwicklung aber in eine ganz andere
Richtung: Es werden Pflanzen gezogen, die gegen gewisse
Krankheiten und Schädlinge resistent sind, wodurch aber bei
grossflächiger Verbreitung lediglich eine Flanke für neue
negative Einwirkungen geöffnet wird. Und es werden auch
Pflanzen gezüchtet, die resistent sind gegen gewisse
Schädlingsbekämpfungsmittel, die dann in noch grösserem
Stil eingesetzt werden und neue Kontaminationsprobleme
schaffen.

XII.

Lediglich am Rande sei hier noch vermerkt, dass auch für die
Unterstützung von Diversifikationsbestrebungen die
Gentechnik nicht das Mass aller Dinge ist; schon seit Jahren

bieten sich hier Alternativen für den Zugriff auf den genetischen Code an, mit dessen Hilfe über den Weg einer veritablen Rückzüchtung neue Unterarten und Arten mit anderen Eigenschaften geschaffen werden können. Allerdings liegt eine genetische Vielfalt weder im Interesse der Saatgut-Produzenten noch in jenem der Grossfarmer, die beide nach Standardisierungen streben.

XIII.

Fazit: Grossanbau, Monokulturen und flächendeckender Einsatz von Agrochemie haben zwar zur Produktionssteigerung und zur Ernährungssicherheit beitragen können, aber sie haben zugleich Klumpenrisiken geschaffen, die diese ganzen Errungenschaften wieder in Frage stellen. Und die letztlich auch keinen Ausweg zu bieten vermögen aus der Situation, dass heute ein grosser Teil der Nahrungsmittelproduktion durch Verderb verloren geht. Und ausserdem erweisen sie sich als sehr schwerfällig, wenn es darum geht, auf klimatische und andere Veränderungen zu reagieren.

XIV.

Interessant erscheinen in diesem Zusammenhang die Ausführungen im Weltagrarbericht, der mit dem Mythos der Überlegenheit der industriellen Landwirtschaft aus volkswirtschaftlicher, ökologischer und sozialer Sicht gründlich aufräumt. Und der für eine sozial-, wirtschafts- und umweltverträgliche Landwirtschaft des 21. Jahrhunderts den folgenden Leitsatz prägt: Kleinbäuerliche, arbeitsintensive und auf Vielfalt ausgerichtete Strukturen sind die Garanten einer sozial, wirtschaftlich und ökologisch nachhaltigen Lebensmittelversorgung durch widerstandsfähige Anbau- und Verteilsysteme.

XV.

Weiter hält der Bericht fest: Wo Kleinbauern genügend Land, Wasser, Geld und Handwerkszeug haben, produzieren sie einen deutlich höheren Nährwert pro Hektar als die industrielle Landwirtschaft, in der Regel mit erheblich niedrigerem externem Input und geringeren Umweltschäden. Sie können sich besser und flexibler den Erfordernissen und Veränderungen ihrer Standorte anpassen und mehr Existenzen auf dem Lande sichern, weil sie arbeitsintensiver sind.

XVI.

Für dieses Modell bietet die Verwertung von Biomasse zur Herstellung von Biokohle vor Ort eine ideale Voraussetzung, schafft sie doch neben einer Optimierung der Produktionsgrundlagen Energie, ein verkaufsfähiges Produkt und über die CO-2-Abgabe die Voraussetzungen für einen ausreichenden Return on Investment.

Kapitel 6:

Die Strategie:

Ein Agro-Masterplan für die Dritte Welt im Dienste des Klimas, des Umweltschutzes, der Entwicklungs-Selbsthilfe und der Ernährungssicherheit.

I.

Es gibt technische Entwicklungen, die die Menschheit gefährden und solche, die sie retten oder zumindest vorwärtsbringen können. Die neuen Technologien zur Umwandlung von Biomasse in Biokohle zählen zweifellos zu den letzteren. Denn mit einer stringenten und nachhaltigen Umsetzung der Technologie lassen sich nicht nur das Klimaproblem lösen, sondern auch ein grosser Teil der Umweltbelastungen rückgängig machen, die Ernährungsbasis einer stark wachsenden Bevölkerung sichern, die Energieversorgung konsolidieren und im gleichen Aufwisch auch noch das Beschäftigungsproblem entschärfen, der Wirtschaft der Dritten Welt neue Impulse geben und eine ganze Reihe drängender Hygieneprobleme beseitigen. Wie das geschehen soll, sei am folgenden Modell exemplifiziert:

II.

In einer Siedlung in einem Land der Dritten Welt wird ein
Pyrolyse-System für die Produktion von Biokohle aus
Biomasse installiert. Parallel dazu werden einige Leute aus
der Dorfgemeinschaft über den Gebrauch der Anlage wie
auch über deren Wartung instruiert. Die Steuerung der
Anlage wie auch ihre Sensorik ist über ein GPS-System mit
einer Zentralstelle verbunden, welcher das Controlling der
Anlage obliegt. Dadurch ist eine permanente Überwachung
des Betriebszustands und eine Registrierung der
Produktionsleistung gewährleistet. Bei Problemen – wie z.B.
technischen Störungen und Bedienungsfehlern – wie auch bei
deutlichen Abweichungen von den Betriebs- und
Produktionsvorgaben wird ein entsprechender Support
geleistet.

III.

Die von der Anlage gelieferte Prozesswärme wird für die
Trocknung des Grünguts und von agrarwirtschaftlichen
Produkten (in ariden Gebieten vorzugsweise in Verbindung
mit Kondensationssystemen zum Niederschlag und zur
Rückgewinnung des entsprechenden Wasserdampfs), für die
Produktion elektrischer Energie (beispielsweise in Ergänzung
zu Fotovoltaik-Anlagen) und für weitere bedarfsspezifische
Zwecke genutzt. Denkbar ist auch der Betrieb von Stirling-
Motoren für den Antrieb von Grundwasserpumpen und von
Kompressoren aller Art.

IV.

Allenfalls könnte – je nach Beschaffenheit des zu erwartenden Grünguts – dem Pyrolyse-Prozess eine Vergärungsstation zur Gewinnung von Biogas vorgeschaltet werden. Dieses Biogas kann in der Folge für den Betrieb von Kochstellen wie auch von Generatoren mittels Gasmotoren genutzt werden. Ausserdem könnte Biogas für das rasche Aufstarten der Pyrolyse-Anlage gute Dienste leisten.

V.

Die von der Anlage hergestellte Biokohle wird teilweise für eigene Zwecke – namentlich für Bodenverbesserung und Düngung – genutzt und teilweise verkauft. Für den Verkauf wird ein spezielles logistisches System geschaffen, welches es ermöglicht, die Qualität vor Ort zu prüfen, die Ware abzuholen und der zu schaffenden Vermarktungskette zuzuführen wie auch die Entschädigungen für die Produzenten festzulegen. Aus diesen werden die für den Betrieb der Anlage verantwortlichen Leute bezahlt sowie kleine Entschädigungen an die Einlieferer des Grünguts ausgerichtet.

VI.

Im Rahmen der Logistik werden auch die für das Generieren von CO-2-Zertifikaten massgeblichen Mengen ermittelt. Diese entsprechen pro Gewichtseinheit der Biokohle in etwa dem Dreifachen einer normalen CO-2-Abgabe, da der am Gewicht des Kohlendioxids mit rund zwei Dritteln partizipierende Sauerstoff ja wieder freigesetzt und nur der Kohlenstoff in der

Biokohle gebunden wird. Die Erträge aus den CO-2-Zertifikaten dienen dazu, die Anlagen zu amortisieren und zu unterhalten wie auch deren Betrieb und Überwachung sicherzustellen.

VII.

Einen nicht zu unterschätzenden Nebennutzen erbringt das System auch im Bereich der Hygiene, die in der 3. Welt mehrheitlich im Argen liegt. Mit der Biokohle können Trocken-WCs ausgerüstet werden, die die Fäkalien hygienisieren und die Gerüche binden. Nach einer gewissen Gebrauchsdauer kann die entsprechende Biokohle gegen neues Material ausgetauscht und dem Grüngut bzw. der Biomasse beigegeben werden. Dadurch findet ein vollständiges Recycling statt. Im Weiteren kann die Biokohle zur Filterung von Wasser genutzt werden. Im Filtermaterial bleiben nicht nur Schwebestoffe und andere Verunreinigungen aller Art, sondern auch Viren und Bakterien hängen.

VIII.

Parallel dazu kann der Urin in speziellen Behältern gesammelt werden. Dieser wird in der Folge zur Anreicherung der für Bodenverbesserungs- und Düngezwecke vorgesehenen Biokohle verwendet. Urin enthält Phosphor, der die in den Boden gelangende Biokohle einerseits anreichert und anderseits aktiviert. Letzteres ist vor allem deshalb wichtig, weil die Biokohle üblicherweise während 2 bis 3 Jahren inert bleibt, ehe sie die in ihr gespeicherten Mineralstoffe freigibt. Durch die Anreicherung mit Urin wird die Biokohle zum biologischen Universaldünger und setzt dadurch nicht nur die Phosphate, sondern auch die Mineralstoffe früher frei.

IX.

Mit dem System kann allen der Gemeinschaft angeschlossenen agrarischen Produktionsbetrieben eine nachhaltige und signifikante Produktionssteigerung auf biologischer Basis geboten werden. Dadurch werden nicht nur der Selbstversorgungsgrad und die Rentabilität erhöht; zugleich vergrössern sich auch die Diversifikationsmöglichkeiten und die Menge der zur Herstellung von Biokohle verfügbaren Biomasse.

X.

Vor dem Entscheid zur Lieferung und zum Betrieb einer Pyrolyse-Anlage zur Produktion von Biokohle sind jeweils mit den dafür in Frage kommenden Dorf- bzw. Produktionsgemeinschaften Abklärungen über die nach ökologischen Kriterien bestmöglichen Nutzungsoptionen zu treffen – und zwar sowohl unter Berücksichtigung der klimatischen Verhältnisse wie auch der Eigenversorgungs-Bedürfnisse. Dabei ist mit Blick auf einen optimalen Schutz der Pflanzungen auch auf eine genetische Vielfalt zu achten. Es können auch Versuchsoptionen ins Auge gefasst werden, in deren Rahmen verschiedene Gewächse auf deren Ergiebigkeit, Robustheit sowie die Gesamtbilanz ihrer Nutzung zu testen sind.

Kapitel 7

Biosprit führt in die Sackgasse:
Eine konventionelle Umsetzung des Klimaabkommens schädigt die Nahrungsmittelbasis, die Biokohle-Strategie fördert sie.

I.

Es ist davon auszugehen, dass das Pariser Klimaabkommen bei einer konventionellen Umsetzung der Vorgaben durch Verzichte auf fossile Energieträger zu einer massiv steigenden Nachfrage nach Ethanol führen wird. Das Verbrennen von Ethanol setzt zwar ebenfalls Kohlendioxid frei, doch da der Brennstoff aus Pflanzen gewonnen wird, gilt er als CO-2-neutral. Wenn also europäische Regierungschefs sich gegenseitig überbieten in der Forderung, dass die Fahrzeuge künftig auf Benzin und Diesel verzichten sollen, so sind sie sich mit dieser geradezu populistischen Forderung offenbar nicht bewusst, was sie damit auslösen können.

II.

Wird mehr Ethanol nachgefragt, so wird sich auch die Nachfrage nach dem grossflächigen Anbau geeigneten Pflanzenmaterials erhöhen. Als Folge davon wird sich der – heute noch kaum spürbare – Druck auf die verfügbaren Anbauflächen erheblich verstärken. Und damit könnte dann tatsächlich eintreten, was von Umwelt- und

Drittweltaktivisten schon lange moniert wird: Eine Schmälerung der Ernährungssicherheit und der Ernährungsbasis durch die forcierte Nachfrage nach Sprit.

III.

Eine in diese Richtung laufende Entwicklung ist nicht nur aus ethischen Gründen, sondern auch aufgrund von Risiko-Erwägungen vehement abzulehnen. Denn auch Pflanzen, die der Produktion von Biosprit dienen und grossflächig angebaut werden, bedürfen des Schutzes vor einem Überhandnehmen von Unkraut sowie vor Krankheiten und Schädlingen aller Art. Schlimmer noch: Im Gegensatz zu den Nahrungsmitteln braucht es zur kostendeckenden Herstellung von Biosprit tendenziell noch grösserer Areale. Diese steigern das Risiko der Monokulturen noch und gefährden die der Nahrungs- und Futtermittelversorgung dienenden Pflanzungen zusätzlich.

IV.

Da sich sowohl entsprechende gross dimensionierte Plantagen und Verarbeitungsanlagen weitgehend automatisieren lassen (Erntemaschinen zum Beispiel können heute fahrerlos auf die Piste geschickt werden, und auch eine Ethanol-Produktionsanlage lässt sich mit einem absoluten Minimum an Personal betreiben), entfällt denn auch jede Beschäftigungswirksamkeit entsprechender Engagements. In manchen Regionen dürfte dies zur Folge haben, dass grosse Teile der ansässigen Bevölkerung ihrer Lebensgrundlagen beraubt werden Dies als zweite, möglicherweise noch gravierendere Komponente einer agrarwirtschaftlichen Fehlentwicklung.

V.

Demgegenüber bieten sich im Rahmen eines Mischanbaus, der die Produktion von Nahrungsmitteln, Energieträgern in verschiedensten Formen und Biokohle zum Gegenstand hat und der darüber hinaus noch CO-2-Zerifikate generiert, weitaus günstigere wirtschaftliche Möglichkeiten, die erst noch ökologisch unbedenklich sind. Wobei es beim letzteren dieser Aspekte indirekt ebenfalls um ein wirtschaftsbezogenes Thema geht, bleiben doch die Böden durch den Einsatz von Biokohle nahezu unbeschränkt locker und fruchtbar. Sie sind dadurch nicht nur ertragreicher, sondern auch besser zu bewirtschaften.

VI.

So könnte zum Beispiel im Rahmen einer landwirtschaftlichen Dorf- oder Produktionsgemeinschaft Mais, Hirse, Soja und Brotgetreide in unterschiedlichen Sorten angebaut werden, die dank der Mischkultur einen höheren Schutz vor Schädlingen und Krankheiten bieten als Monokulturen. Diese Kulturen dienen der Erzeugung von Nahrungs- und Futtermitteln, die zum Teil selbst genutzt, zum Teil im Rahmen eines Vertriebsnetzwerks auf genossenschaftlicher, nicht der Korruption und der Spekulation unterliegenden Basis verkauft und ausgetauscht werden.

VII.

Die Trägerpflanzen und weitere Ernterückstände können danach in einem nächsten Schritt vergoren werden. Das daraus gewonnene Gas wird in der Folge komprimiert und vertrieben – für Nutzanwendungen in den Bereichen Küche und Motorantriebe. Die Rückstände werden getrocknet und pelletiert und danach der Biomasse-Pyrolyse zugeführt, welche Prozesswärme und Biokohle produziert – teils als Düngemittel und für weitere Anwendungen in den eigenen Betrieben, teils für den Verkauf an Dritte. Und auch hier dienen die CO-2-Zertifikate dazu, die Produktionsanlagen zu unterhalten und zu refinanzieren.

VIII.

Für den Fall eines erhöhten Energiebedarfs kann letztlich auch die Biokohle als CO-2-neutraler Energieträger verwendet werden – sei es zur Verstromung oder für Antriebszwecke. Dabei kommt auch eine Vermischung von Kohledunst mit einem flüssigen Energieträger in Frage – zu sogenanntem „Slurry", mit dem schon verschiedentlich experimentiert wurde und das sich dank einer neuartigen Düsentechnik mit höherer Effizienz in die Brennkammern eintragen und nutzen lässt.

IX.

Wie diese Skizzen zeigen, lässt sich mit der Biokohle-Strategie im Verbund mit agrarischen Klein- und Mittelbetrieben und auf der Basis mehrfach nutzbaren Pflanzenmaterials selbst ein Druck auf die Produktion CO-2-neutraler Treibstoffe besser auffangen als mit Methoden der Mono-Bewirtschaftung grosser Flächen – bei zugleich signifikant geringerem Gesamtrisiko. Dabei werden der Boden besser und vielfältiger genutzt, die Produktionsbasis für Nahrungsmittel auf beschäftigungswirksame Weise geschont und die

Regenerationsfähigkeit der Ackerkrume gewahrt. Ganz abgesehen von den ausbleibenden Gefahren eines biologischen Overkills, der von einem massiven Einsatz von Pflanzenschutzmitteln ausgehen kann.

Kapitel 8:

Der Klimaschutz als Ertragsquelle für die 3. Welt:
Eine quasi-symbiotische, effiziente und korruptionsfreie Form der Entwicklungshilfe

I.

Zur Erreichung der im Klimaabkommen von Paris festgeschriebenen CO_2-Reduktionsziele setzen viele Länder auf CO_2-Zertifikate. Damit erwerben – vereinfacht gesagt – Verbraucher fossiler Brenn- und Treibstoffe das Recht zur Freisetzung von CO_2 von Institutionen, die durch Minderverbrauch oder Verwendung erneuerbarer Energien weniger Kohlendioxid freisetzen als ihnen zustünde. Mit diesem System – welches keineswegs konsequent gehandhabt wird und mit dem auch allgemeine Umwelt- und Entwicklungsprojekte finanziert werden – ist der angestrebte Verzicht auf fossile Energieträger nicht zu schaffen.

II.

Eigentlich handelt es sich dabei um einen Etikettenschwindel, wird doch vorgegaukelt, dass sich der Ausstoss von Kohlendioxid mit den Zertifikaten reduzieren lasse. Das ist so nicht richtig. Denn in ihrer heutigen Funktion sind die Zertifikate nicht ein Instrument zur Vermeidung, sondern lediglich der Verschiebung und der Umlagerung von Kohlendioxid. Mit ihrer flächendeckenden Anwendung lässt sich der CO-2-Ausstross nicht reduzieren, sondern bestenfalls stabilisieren. Demgegenüber verfolgt das Klimaabkommen von Paris das Ziel, die Kohlendioxid-Fracht massiv zu verringern.

III.

Damit dieses Ziel erreicht werden kann, muss mit den Zertifikaten nicht das Umlagern, sondern das Rezyklieren und Inertisieren von CO-2 honoriert werden. Dieses Ziel wird erreicht, wenn die Zertifikate auf Biokohle ausgestellt werden, die das Kohlendioxid über die Vegetation aus der Atmosphäre zurückgewinnt und den Kohlenstoff fest und dauerhaft bindet. Auf diese Weise klinkt sich das System gleichsam in den natürlichen Kreislauf ein und macht aus dem durch die Verbrennung fossiler Energieträger zu Kohlendioxid gewandelten Kohlenstoff wieder feste Kohle. Damit ist der Kreis geschlossen.

IV.

Damit nun aber dieser wunderbare circulus vitiosus zum Schutze des Klimas angeschoben werden kann, braucht es eine neue Art von Zertifikaten, welche jedem freigesetzten Kilo Kohlestoff ein Kilo Biokohle entgegensetzen und damit – d.h. mit der zunehmenden Proliferation der Technologie zur Produktion von Biokohle – nach und nach die gesamte CO-2-Fracht neutralisieren können. Die Erträge aus dem Verkauf der Zertifikate dieser neuen Art würden dazu dienen, die Produktionsanlagen zu amortisieren.

V.

Konkret bedeutet dies, dass mit der CO-2-Abgabe für
Zertifikate dieser Funktion und Qualitätsstufe nicht nur die
Vorgaben des Pariser Klimaabkommens erfüllt werden
können, sondern dass auf der Basis dieser Vereinbarung und
dieser Zertifikate zugleich die gesamte Agrarwirtschaft – und
insbesondere die darbende der 3. Welt – auf eine neue und
biologisch unbedenkliche Basis gestellt, ein gewaltiges neues
Beschäftigungspotenzial geschaffen und zugleich die
Ernährungsbasis für künftige Generationen gesichert werden
können.

VI.

Zu diesem Aspekt weist der Weltagrarbericht darauf hin, dass
Produktivität und Effizienz der kleinbäuerlichen Betriebe in
der 3. Welt meist massiv zu wünschen übrig lassen.
Ausserdem seien vielerorts umwelt- und
gesundheitsschädliche Praktiken wie auch ein eklatanter
Mangel an Wissen spürbar. Abhilfe könne nur ein massiver
Innovationsschub leisten, der mit einer konsequenten
Finanzierung der entsprechenden Vorhaben einhergehen
müsse.

VII.

Gemäss Weltagrarbericht könnten hier faire Kredite für
Grundinvestitionen und Versicherungen helfen, die Risiken
überschaubarer zu machen und die richtigen Impulse zu
vermitteln. Öffentliche Investitionen in die ländliche
Entwicklung seien jedoch in den letzten 30 Jahren sträflich

vernachlässigt worden. Demgegenüber wurden von den zuständigen Regierungen vor allem prestigeträchtige Grossanbau-Projekte gefördert – einerseits, weil die Förderung kleiner Einheiten mit ungleich grösserem administrativem Aufwand verbunden ist und mehr Know-how erfordert, und anderseits, weil die vielerorts in höchsten Stufen grassierende Korruption Grossprojekte a priori favorisiert.

VIII.

Die Biokohlen-Strategie würde somit genau in die richtige Kerbe zu liegen kommen. Denn einerseits würde sie über das CO-2-Recycling die Mittel zu ihrer Finanzierung eigenständig generieren, und anderseits würde durch das Generieren von CO-2-Zertifikaten eine geldwerte Leistung erbracht, die mittlerweile international anerkannt ist. Ausserdem bieten CO-2-Zertifikate eine relativ hohe Transparenz, sodass die Korruption hier auf einen relativ kargen Boden fiele.

IX.

Mehr noch: Die heute schon erkennbaren Versuche von Regierungen aus Ländern der 3. Welt, die von den Industriestaaten hohe Entschädigungszahlungen zur CO-2-Kompensation fordern – wohl in der durchsichtigen Absicht, sich selbst zu bereichern – wären damit vom Tisch. Ebenso allfällige Versuche, entsprechende Anlagen in unlauterer Absicht der Bewilligungspflicht zu unterstellen.

X.

Damit nun die Sache einwandfrei finanziert werden kann, müsste die auf fossile Energieträger zu erhebende CO-2-Abgabe pro Tonne freigesetzten Kohlendioxids irgendwo zwischen 70 und 100 Euro liegen (in der Schweiz befindet sie sich – jedenfalls beim Heizöl – mit 92 CHF bereits in diesem Fokus). Das wäre ohne weiteres verkraftbar – mit dem Unterschied, dass die entsprechenden Gelder der Agrarwirtschaft der Dritten Welt wie auch unserer Gesundheit zu Gute kämen, statt in die Taschen von Ölbaronen und Gas-Oligarchen zu fliessen.

XI.

Ausserdem könnten die Abgaben dazu beitragen, den Druck für die Entwicklung von Verbrennungsmotoren mit höherer Ressourcen-Effizienz zu steigern und die bedeutenden Effizienzreserven, die in dieser Motorentechnik schlummern, besser auszuschöpfen. Effektiv befinden sich auch im Bereich der Antriebstechnik auf Verbrennungsmotoren-Basis zahlreiche neue Ansätze in der „Pipeline", die nur darauf warten, aufgegriffen und realisiert zu werden.

XII.

Tatsächlich gibt es sowohl in der Verbrennungsmotorentechnik wie auch im Bereich der Einspritzung und neuartiger Treibstoffgemische – die je nach Leistungsanforderung vor Ort in der richtigen Zusammensetzung angemischt werden können – neuartige Ansätze, die es verdienen würden, zügig an die Hand

genommen und realisiert zu werden. Leider wagen sich
jedoch heute weder Unternehmungen noch Investoren an
solche Projekte heran, weil ob der Trends und ob der
politischen Vorgaben in dieser Domäne allgemeine
Verunsicherung herrscht. Und die ist bekanntlich Gift für
jedes Investment. Ausserdem sitzt der Automobilindustrie
noch der Flop mit dem Wankelmotor in den Knochen, der bis
heute nachwirkt und die massgeblichen Entscheidungsträger
vor neuen Engagements in dieser Richtung abhält.

XIII.

Mit der flächendeckenden Einführung eines wirtschaftlich
machbaren, sinnvollen und ökologisch unbedenklichen CO-2-
Recyclings, wie es die ausgleichende Biokohlen-Produktion
auf Biomasse-Basis darstellt, kann auch hier das Eis
gebrochen werden und es können sichere Perspektiven
entstehen für künftige Entwicklungsvorgaben auf dem weiten
Feld der Energieproduktion und Energienutzung.

Kapitel 9:

„Urban Farming" für die Dritte Welt?
Eine auf CO-2-Recycling basierende Vision, die über die heutige Vorstellungskraft hinausreicht.

I.

In verschiedenen soziodemografisch-ökonomischen Studien wurde festgestellt, dass der häufig beschworene Anschluss der 3. Welt an den Entwicklungsstand der Industrienationen nur zu schaffen ist, wenn die Initiative dazu von den grossen Städten ausgeht, die derzeit ein extrem starkes Wachstum erleben. Städte verfügen nicht nur über eine weitaus effizientere Infrastruktur, sondern sie zeigen auch eine weitaus höhere Entwicklungs-Eigendynamik und ein höheres Leistungsvermögen als ländliche Gebiete. Und je grösser städtische Agglomerationen werden, desto weniger sind sie von aussen beherrschbar.

II.

Dieses von den Grossstädten ausgehende Entwicklungspotential kann indessen nur dann in einem positiven und prospektiven Sinne genutzt werden, wenn es gelingt, die Versorgung sicherzustellen, Beschäftigung zu bieten und ordentliche hygienische Bedingungen zu schaffen. Auch dafür bietet die Biokohlen-Strategie eine gute

Grundlage. Denn Biokohle ist ein nahezu universell einsetzbares Hygienemittel, dessen Applikationen von der Luftreinhaltung über die Trinkwasseraufbereitung bis zur Abwasserbehandlung reichen und welches ausserdem wichtige baubiologische Aufgaben im Tief- und im Hochbau wahrnehmen kann.

III.

Der zweite Claim, der mit der Biokohlen-Technologie bewirtschaftet werden kann, ist „urban farming" Darunter ist nicht nur die Nutzung von Dach- und Balkonflächen für den ökologischen Anbau von Früchten und Gemüse sowie die Aufzucht von Kleinlebewesen zu verstehen, sondern ebenso ein peripherer Gürtel von agrarwirtschaftlichen Produktionsanlagen, die die Stadt laufend mit frischen Nahrungsmitteln versorgen können. Hier kommt denn auch die Biokohlen Produktion voll zum Zuge, die die aus kleinen und grossen Pflanzungen laufend anfallenden Grüngut-Abfälle pyrolysiert und sowohl für das Anmischen neuer Substrate – aus welchen wieder neue Pflanzen spriessen – wie auch für den Verkauf an Dritte bereitstellt.

IV.

Eine besondere Bedeutung fällt dabei einer neuen Technologie zu, die es gestattet, CO-2 aus der Luft herauszufiltern und für den Intensivanbau von Früchten und Gemüse verfügbar zu machen. Das Kohlendioxid wird zu diesem Zweck in Gewächshäuser oder -tunnel geleitet, wo es die Luft anreichert und mit Hilfe photosynthetischer Prozesse und von Wasser in Kohlenhydrate umgewandelt wird. Durch

die lokale, kontrollierte Anreicherung der Umgebungsluft mit
CO-2 können das Wachstum der Pflanzen erheblich
beschleunigt und der Ertrag um 20 % gesteigert werden.

V.

Wird nun diese CO-2-Rekuperation mit der Pyrolyse-
Technologie zur Gewinnung von Biokohle kombiniert, so
entsteht daraus ein hocheffizientes Produktionssystem,
welches nach GreenTech-Kriterien in der Form eines
geschlossenen Kreislaufs bewirtschaftet werden kann. Dieser
Kreislauf beginnt mit der Vergärung von Grünabfällen und der
Produktion von Methangas. Danach folgt die Umwandlung
der getrockneten Reststoffe aus diesem Prozess zu Energie in
der Form von Prozesswärme und zu Biokohle.

VI.

Während das Gas zu Heiz- und Kochzwecken sowie zur
Produktion elektrischer Energie verwendet wird, dient die
Biokohle als Substrat für die Böden wie auch als Filtermittel
für die Reinigung des Wassers – welches im Kreislauf geführt
wird und deshalb eine vergleichsweise geringe Frischwasser-
Zufuhr benötigt – wie auch für die Reinigung der Luft. Die von
aussen zugeführte Luft kann dadurch von Feinstäuben,
Bakterien, Pollen und anderen unerwünschten Stoffen befreit
werden.

VII.

Das bei der Pyrolyse der Biomasse entweichende CO-2 (was ungefähr der einen Hälfte des in der Masse enthaltenen Kohlenstoffs entspricht, während die andere Hälfte in der Biokohle gebunden bleibt) wird von den Rekuperationsfiltern aufgefangen und wieder ins Innere der Anlage geleitet, wo es erneut und nachhaltig zum Wachstum der Pflanzen beiträgt.

VIII.

Die überschüssige Kohle wird für verschiedene Zwecke verkauft und trägt so zur Rentabilität der Gesamtanlagen bei. Auch die CO-2-Zertifikate, die durch die Umwandlung des Grünguts bzw. der residualen Biomasse in Biokohle generiert werden, werden verkauft; sie dienen dem Unterhalt der Anlagen und deren Amortisation. Sie stellen damit nicht nur eine wichtige Komponente für die Gesamtwirtschaftlichkeit der Biokohlen-Strategie dar, sondern sind zugleich als „conditio sine qua non" zu betrachten, unter der diese Strategie überhaupt grossflächig umgesetzt werden kann.

IX.

Eine spezielle Rolle fällt dabei der Abwassertechnik zu: Durch die Umwandlung des Klärschlamms in Biokohle kann dieser optimal verwertet statt zu hohen Kosten verbrannt werden – als zusätzliches Mittel zur Ausfällung von Schwebestoffen und als Filtermaterial für eine finale Klärstufe, bei der auch Mikroverunreinigungen aus dem Wasser entfernt werden können – wie beispielsweise Medikamenten-Rückstände und Mikroplastik. Und mit der Energieproduktion mittels Pyrolyse,

dem Verkauf überschüssiger Biokohle und den CO-2-Abgaben
können die Kosten der Abwasserreinigung massiv verringert
werden.

X.

Fazit: Wird eine Stadt mit einem ausreichenden Grüngürtel
CO-2-technisch konsequent nach den hier dargelegten
Kriterien bewirtschaftet, so führt dies zu multiplen Ertrags-,
Versorgungs- Beschäftigungs- und vor allem auch
ökologischen Effekten und damit zu Basiskonditionen, die für
die wirtschaftliche und soziale Leistungsfähigkeit
ausschlaggebend sein können. Solche Städte können in der
Folge zu Recht als CO-2-neutral und als „Öko-Städte"
betrachtet und bezeichnet werden.

Kapitel 10

Egoismus-kompatibel und national realisierbar: Die Biokohlen-Strategie verfügt als bislang einzige über die Voraussetzungen zu einer konsensualen politischen Umsetzung des Pariser Klimaabkommens.

I.

Die heutige politische Szenerie ist so aufgestellt, dass man sich in pragmatischen Fragen durchaus auf dem Papier einigen kann, dass man anderseits jedoch sofort an Grenzen stösst, wenn es um die konkrete Umsetzung geht. Hier ist sich jeder selbst der Nächste und – Ausnahmen bestätigen die Regel – kaum disponiert, Nachteile in Kauf zu nehmen und Konzessionen einzugehen. Tatsächlich: Man kann nicht Frieden vereinbaren und gleichzeitig aus allen Rohren schiessen – auch wenn diese Quadratur des Zirkels stets wieder versucht wird.

II.

Diese Grenzen werden sowohl von Donald Trump als auch von Wladimir Putin klar aufgezeigt: Man ist nicht mehr dabei, wenn es um die eigenen Interessen geht und wenn tiefgreifende Nachteile in Kauf genommen werden müssen. Trump hat zu verstehen gegeben, dass das Pariser Klimaabkommen nicht kompatibel sei mit seiner Strategie,

„America again great" zu machen, und Putin hat mit seinen Zweifeln an der CO-2-These durchblicken lassen, dass es sich Russland nicht leisten kann, auf die Förderung seiner riesigen Vorräte an fossilen Energieträgern zu verzichten.

III.

Woraus erhellt, dass das, was in Paris einhellig beschlossen wurde, nicht das Papier wert ist, auf dem es geschrieben wurde, wenn auf die Nutzung von Erdöl, Erdgas und Kohle verzichtet werden muss. Also kann die Lösung – zumindest auf die mittlere Frist der kommenden 30 bis 50 Jahre – nur darin bestehen, das mit den fossilen Energieträgern freigesetzte CO-2 zu rezyklieren. Dafür bietet die Biokohlen-Strategie die erforderlichen technischen Voraussetzungen. Stellt sich somit die zweite Frage: Erfüllt die Strategie auch die dafür erforderlichen politischen Voraussetzungen?

IV.

Kernpunkt bei der Beurteilung der politischen Realisierbarkeit bildet wie üblich die Schlüsselfrage der Finanzierung. So, wie die Sache derzeit aufgestellt ist, müsste man sich heute ultimativ und weltweit auf den Preis für jede freigesetzte Tonne Kohlendioxid einigen können, damit für die Finanzierung der Alternativen die nötigen Mittel verfügbar gemacht werden können. Diese Kernfrage müsste multilateral und dringend gelöst werden, wenn sichergestellt werden soll, dass sich kein Land benachteiligt fühlt. Und damit wird wohl auch klar, weshalb die Klimafrage auf die in Paris ausgehandelte Art nicht zu lösen ist.

V.

Dazu kommen dann noch die scheinbar banalen Fragen der technischen und administrativen Realisierung: Wie und wo sind die entsprechenden Gelder abzugreifen? Welche Clearing-Stellen und finanzwirtschaftlichen Instrumentarien müssen dafür geschaffen werden? Und welche Vorhaben können und dürfen damit finanziert werden? Wer ist dafür zuständig und welche Mitsprachrechte haben die einzelnen Akteure? Das alles muss beantwortbar sein, wenn überhaupt ein Konsens in Griffnähe kommen soll.

VI.

Als bislang einziges Modell verfügt die Biokohlen-Strategie über alle drei erforderlichen Realisierungs-Voraussetzungen – nämlich: Erstens sind bei ihr durch die Koppelung an die Entwicklungshilfe die erforderlichen Realisierungs-Voraussetzungen gegeben. Zweitens hat die Strategie eine eigene wirtschaftliche Basis; die Mitfinanzierung über die CO-2-Zertifikate stellt nicht die wirtschaftliche Hauptgrundlage, wohl aber den erforderlichen Katalysator oder Transmissionsriemen dar. Und drittens ist die Strategie Egoismus-kompatibel und lässt sich von jeder Nation zu selbstbestimmten Konditionen einzeln realisieren. Und dies erst noch auf einer soliden ökonomischen Grundlage.

VII.

Zu Punkt 1: Jedes sogenannte „Geberland" betreibt Entwicklungshilfe und verfügt somit über die nötigen Voraussetzungen zur Umsetzung des Konzepts – sei es in

eigener Regie oder in Kooperation mit geeigneten Entitäten
privat- oder gemeinwirtschaftlicher Observanz. Damit sind
zugleich die erforderlichen Voraussetzungen für die
Vorfinanzierung, den organisatorischen Support und die
Kontrolle gegeben.

VIII.

Zu Punkt 2: Wirtschaftliche Basis vor Ort bildet die Biokohle –
und zwar sowohl jene, die für den Eigengebrauch
bereitgestellt wird, wie auch die, die in den Verkauf gelangt.
Im Bereich des Eigengebrauchs stärkt ihr Einsatz als
Bodenverbesserungs- und Düngemittel die Produktivität und
Ertragskraft der agrarwirtschaftlichen Betriebe wie auch
deren Möglichkeiten für eine umsichtige Expansion und
Diversifikation, während der Verkauf von Biokohle –
vorzugsweise über eine eigene genossenschaftlich
konstituierte Verwertungsgesellschaft – den Mitwirkenden zu
einer zusätzlichen Einkommenskomponente verhilft.

IX.

Zu Punkt 3: Die am Produktionsvolumen von Biokohle
orientierte Generierung von CO-2-Zertifikaten, die nach
festen nationalen oder multilateralen Tarifen vergütet
werden, dient der Refinanzierung der Produktionsanlagen
und der Proliferation der Technologie. Die Erträge werden
denn auch einem speziellen Fonds zugeschlagen, der aus den
ihm zufliessenden Mitteln die Amortisation der Anlagen wie
auch deren Unterhalt bestreitet, die Weiterentwicklung der
Systeme und der Anbaumethoden fördert und ausserdem die

Aus- und Weiterbildung der für den Betrieb der Anlagen Verantwortlichen betreibt.

X.

Der grosse Vorteil der Biokohlen-Strategie besteht darin, dass sie wirksame Hilfe zur Selbsthilfe bietet: Die Betreiber der Anlagen sind Geschäftspartner auf gleicher Augenhöhe, grösstenteils auch Selbstversorger, und bestreiten ihren Lebensunterhalt mit eigenen Leistungen. Damit ist die Strategie vom Odium der Entwicklungshilfe befreit und wird nach und nach auf die Stufe einer wirtschaftlichen Kooperation gehoben. Die Terminologie nimmt dies in einem gewissen Sinne vorweg, herrscht doch seit den 90-er Jahren die Tendenz vor, den Terminus „Entwicklungshilfe" in „Entwicklungszusammenarbeit" zu wandeln. Was natürlich als reiner Euphemismus zu betrachten ist, denn nach wie vor werden Entwicklungshilfegelder seitens der Geberländer zum Teil als Almosen betrachtet, die partiell erst noch in die falschen Taschen fliessen oder sich durch die Art ihrer Wirkung als reine Danaergeschenke erweisen.

XI

Ein weiterer nicht zu unterschätzender Vorteil der Strategie besteht in ihrer geringen Anfälligkeit für Korruption: Die aus den CO-2-Zertifikaten gespiesenen Fonds werden offen und transparent geführt – und sind damit dem Zugriff korrupter Politiker entzogen. Gleiches gilt für die Biokohlen-Vermarktung, die nach genossenschaftlichen Kriterien erfolgt. Und die Betriebsdatenerfassung schliesslich wird über nicht manipulierbare GPS-Systeme – evtl. in Verbindung mit einer

Blockchain-Technologie – sichergestellt. Als weiteres Sicherungselement gegen kriminelle Umtriebe aller Art wie beispielsweise Schutzgeld-Erpressung, wird eine spezielle Ethik-Kommission mit entsprechendem Netzwerk geschaffen, die jedem Verdacht auf Unregelmässigkeiten nachgeht.

Kapitel 11

Wer macht den Anfang?

Die Realisierung des Biokohle-Konzepts in Kooperation mit der 3. Welt ist derzeit die einzige Strategie, welche eine Erfüllung des Pariser Klimaabkommens auf wirtschaftlicher Basis ermöglicht.

I.

Neben ihren sach- und fachbezogenen Vorzügen, die eine technische und organisatorische Umsetzung ermöglichen, besitzt die Biokohle-Strategie als wohl einziges Konzept die Fähigkeit zur politischen Realisierbarkeit. Denn sie lässt sich dank ihres hohen Eigenwirtschaftlichkeitsgrads nicht nur etappiert, sondern auch auf bilateraler oder gar multilateraler Ebene verwirklichen. Was bedeutet, dass es zur Umsetzung nicht des Konsens´ aller Signatarstaaten bedarf.

II.

Etappierung bedeutet: Mit jeder Anlage zur Produktion von Biokohle, die gebaut und in Betrieb genommen wird, reduziert sich – wenn auch in geringem Ausmass – die in den Kreislauf gelangende Kohlendioxid-Fracht. In der westlichen Hemisphäre bzw. in den Industrieländern ist man dank der hohen Eigenwirtschaftlichkeit des Systems auf eine rasche und angemessene Kompensation der CO-2-Recyclingleistungen angewiesen. Anders sieht es jedoch in den Ländern der Dritten Welt aus: Hier werden die entsprechenden Entschädigungen gebraucht, um die technischen Einrichtungen amortisieren und deren Unterhalt gewährleisten zu können.

III.

Konkret bedeutet dies, dass jede Institution, welche in der Hilfe zur wirtschaftlichen Entwicklung der 3. Welt und/oder der Sicherstellung einer ausreichenden Ernährungsbasis engagiert ist, mit der praktischen Umsetzung des Konzepts kurzfristig beginnen und den Betrieb einer kleineren oder grösseren Serie von Anlagen so lange vorfinanzieren kann, bis auf nationaler oder internationaler Ebene eine Übereinkunft über den Preis von CO-2-Rezyklaten getroffen werden kann. Solche Pionierleistungen auf privater Basis – angesprochen sind vor allem Stiftungen, gemeinnützige Vereinigungen und auf ihr Image achtende, sozial wie auch klima- und umweltbezogen handelnde Grossunternehmen – sind erforderlich, wenn die Dinge in Gang gebracht werden sollen.

IV.

Gestützt auf diese Pionierleistungen und die ersten Erfahrungen, die damit gesammelt werden, können nach und nach staatliche Entwicklungshilfe-Organisationen und einzelne Nationen folgen, die hier demonstrieren wollen, dass sie den Worthülsen von Paris und Marrakesch entsprechende Inhalte folgen lassen wollen. Denn letztlich kann jede Nation für sich selber entscheiden, wieviel sie pro Tonne zurückgeführten Kohlendioxids zu zahlen bereit ist. Im Gegensatz zu allen anderen Strategien und Massnahmen setzt die Biokohlen-Strategie keine multinationalen Vereinbarungen voraus, ehe mit ihrer Umsetzung begonnen werden kann. Die Tür für nationale Pionierleistungen steht somit weit offen.

V.

Gerade Länder wie Deutschland und die Schweiz, welche durch Regierungs- oder Volksbeschlüsse (wie in der Schweiz durch die Annahme der „Energiestrategie 2050" geschehen) die Voraussetzungen zur flächendeckenden Kompensation geschaffen haben, sind berufen, die entsprechenden Massnahmen zur Rückführung von CO-2 aus der Atmosphäre als erste umzusetzen und so mit dem guten Beispiel voranzugehen.

VI.

Was nota bene umso vernünftiger erscheint, als es sich hier um eine wirtschaftlich interessante Strategie handelt, die weltweit allen Beteiligten direkt oder indirekt zugute kommt und die nicht nur die Entwicklungshilfe vom Odium der indirekten Korruptionsförderung befreit und der Klimaschutz-Idee zu Sinn und Effizienz verhilft, sondern auch eine Ambiente höherer Sicherheit entstehen lässt. Denn das Klimaabkommen von Paris hat einen nahezu weltweiten Grundkonsens geschaffen, den man nicht wieder in einen Dissens ausarten lassen sollte. Durch die Wiedereinführung der uralten Terra Preta-Methode unter neuer technischer Effizienz und organisatorischer Systematik entsteht die

Chance, auch die Dissidenten in den USA, Russland und anderen Teilen der Welt wieder mit ins Boot zu holen.

VII.

Was dabei an der Biokohlen-Strategie besonders zu überzeugen vermag, ist der Aspekt, dass sie sich selbst reguliert und dass deren wichtigste Transmissionsriemen – nämlich das Instrument der CO-2-Zertifikate – mit einem Minimum an administrativem Aufwand und regulatorischen Eingriffen zum Laufen gebracht werden können. Denn die fossilen Brennstoffe werden heute schon nahezu lückenlos erfasst; es bedarf lediglich noch einiger zusätzlicher Tools, um die Sache zu konkretisieren. Selbst nationale Unterschiede spielen dabei eine untergeordnete Rolle. Denn durch die Zertifikate entsteht eine Art neuer Währungen, die handelbar sind und die man auch wechselseitig floaten lassen kann – dazu bedarf es nicht einmal einer Art energiepolitischer „Bretton Woods"-Vereinbarung.

VIII.

Mit der Biokohle-Strategie als moderner Fortsetzung des früheren Köhler-Handwerks sind die Voraussetzungen gegeben, das Klimaabkommen von Paris zu einem neuen Erfolgsmodell statt zu einem neuen Streitgegenstand werden zu lassen und daraus persönlichen wie kollektiven Nutzen zu ziehen. Diese Möglichkeit steht heute jedem Einzelnen offen. Worauf warten wir also noch?

Kapitel 12

Eine Rechnung, die aufgeht!

Probe aufs Exempel: Wenn die Schweiz ihre Beiträge für den internationalen Klimaschutz ins CO-2-Recycling statt in diffuse Projekte von zweifelhaftem klimaspezifischem Nutzen steckt, ist das Land in 12 Jahren klimaneutral.

I.

Die Schweiz unterstützte die internationalen Klimaschutz-Bestrebungen bereits im Jahre 2014 mit 300 Millionen CHF aus öffentlichen und 100 Millionen CHF aus privaten Quellen. Diese Mittel werden heute nicht etwa für die direkte und nachweisbare Reduktion der CO-2-Fracht eingesetzt – wie dies das CO-2-Recycling bewirken würde – sondern für diffuse Vermeidungs-Strategien, deren unmittelbare Wirkung auf die CO-2-Belastung der Atmosphäre nicht nachgewiesen ist.

II.

Soweit die entsprechenden Mittel – deren Volumen bis 2020 auf ein Niveau von 450 bis 600 Millionen Dollar pro Jahr aufgestockt werden soll – in Entwicklungsländer fliessen, ist die Gefahr zudem gross, dass diese teilweise in den Taschen korrupter Entscheidungsträger verschwinden oder in einer ineffizienten Administration versickern. Dies kann letztlich bis zu kontraproduktiven Effekten in dem Sinne führen, dass zielführende Massnahmen behindert statt gefördert werden.

III.

Wenn nun die Schweiz stattdessen Jahr für Jahr rund 400 Millionen CHF in einfache Anlagen zur Produktion von Biokohle investieren würde, so könnte damit innerhalb von 12 Jahren eine Jahresfracht von 48 Millionen Tonnen CO-2 vollständig kompensiert werden. Diese 48 Millionen Tonnen entsprechen der Menge CO-2, die heute in der Schweiz Jahr für Jahr in die Atmosphäre verpufft werden.

IV.

Was konkrert bedeutet, dass die Schweiz innerhalb von 12 Jahren den Status einer kompletten CO-2-Neutralität erreichen kann, wenn sie hier die richtigen Akzente setzt. Und dies, ohne dass sie zur Erreichung dieser Zielsetzung bloss einen Franken mehr aufwenden müsste, als sie dies heute schon tut. Damit wäre das heute herumgeisternde Schreckgespenst eines Fasses ohne Boden für die Verbraucher fossiler Energieträger vom Tisch.

V.

Und damit wären zugleich die Vorgaben des Pariser Klimaabkommens erreicht, welche heute von Experten schon als völlig unerreichbar bezeichnet werden. Und dies erst noch mit der Aussicht, dabei die engere der beiden ins Auge gefassten Klimaerwärmungs-Vorgaben von lediglich 1,5° Celsius erfüllen zu können die derzeit noch als völlig unrealistisch gilt. Was wiederum konkret bedeutet, dass die Ziele des Klimaabkommens von Paris und Marrakesch mit der richtigen Strategie nicht nur prinzipiell erreicht, sondern auch finanziert werden können.

VI.

Dabei spielt es keine Rolle, ob die Verrechnung der CO-2-Gutschriften direkt oder über den Zertifikatsweg erfolgt: Im einen wie im anderen Falle wird der Nutzwert der Investitionen nachgewiesen werden können. Und im einen wie im anderen Falle lässt sich die Zielsetzung mit einfachsten administrativen Mitteln statt mit einem Heer von Behördenvertretern und Kontrollbeamten erreichen.

VII.

Zugleich bedeutet dies, dass das Land auch auf harte Zwangsmassnahmen zur Reduktion von CO-2-Freisetzungen verzichten und die Entwicklung des Energiemarktes den Marktkräften und der energietechnischen Innovation überlassen kann. Was im Falle der Schweiz in praxi bedeutet, dass sie auf die administrative Umsetzung der Energiestrategie 2050 und der stringenten CO-2-Bestimmungen mit ihrem dichten Geflecht an regulatorischen Massnahmen verzichten kann. Einzig das Instrument der CO-2-Zertifikate müsste in modifizierter Form übernommen werden.

VIII.

Ausserdem können die über die CO-2-Kompensation laufenden Investitionen der Entwicklungshilfe zugeschlagen werden. Mehr noch: Dank der mit dem Einsatz der Technologie verbundenen Nutzung der Biokohle zur nachhaltigen Verbesserung der agrarwirtschaftlichen Erträge auf natürlicher biologischer Basis in der 3. Welt kann auch hier der Sekundärnutzen erfasst und dargestellt werden – auch wertmässig, was der Entwicklungshilfe letztlich zu ganz neuen Impulsen in Sachen Effizienz und Resultatorientierung verhelfen könnte.

IX.

Demgegenüber vertritt das Hilfswerk Caritas Schweiz die Meinung, dass die Nation mindestens eine Milliarde CHF jährlich zur „Finanzierung des Klimaschutzes in den Entwicklungsländern" beitragen sollte und dass diese Mittel nicht die Konten der Entwicklungszusammenarbeit belasten sollten. Das ist in Anbetracht der in diesem Thesenpapier vorgebrachten Sachverhalte total verkehrt. Denn was kann es Besseres geben, als die Entwicklungsländer ihren Beitrag zum Klimaschutz leisten zu lassen, diesen mit einem effizienten Entwicklungs-Support zu verbinden und die für das Weltklima erbrachten Leistungen angemessen zu honorieren? Das ist

ergebnisorientierte Entwicklungskooperation auf Augenhöhe
– und zwar nicht nur verbal, sondern echt.

IX.

Selbstverständlich lassen sich diese Kalkulationen nicht nur
auf die Schweiz, sondern – dank des auf der Basis des Pariser
Klimaabkommens in Vorbereitung stehenden Modells für
Kompensationszahlungen der Industrie- und Schwellenländer
nach Massgabe ihres Verbrauchs von fossilen Energieträgern
– weltweit zur Anwendung bringen. Nach einer Initialisierung
über die Schweiz könnte das Modell somit als international
praktizierbare Universallösung etabliert werden.

X.

So beispielsweise in Deutschland, wo die Kohleindustrie mit
einem Aufwand von 40 bis 50 Milliarden € stillgelegt werden
soll. Werden diese Mittel stattdessen in die Kompensation
des CO-2-Ausstosses durch die Biopyrolyse gesteckt, so
könnte auch Deutschland binnen ca. 15 Jahren den Status der
CO-2-Neutralität erreichen. Ganz abgesehen davon, dass die
Braunkohle-Verstromung auf ein biopyrolytisches Verfahren
umgestellt werden und damit per se eine zumindest 50
prozentige CO-2-Neutralität erreichen könnte.

Appendix 1

Kann die Justiz es richten?

Der Versuch vieler Gruppierungen in aller Welt, die Gerichte für den Klimaschutz einzuspannen, dürfte vor allem kontraproduktive Wirkungen zeitigen.

I.

Die Anliegen des Klimaschutzes und die erkennbare Unmöglichkeit, die Ziele mit dem Pariser Klimaabkommen auf dem eingeschlagenen Weg des finalen Verzichts auf fossile Energieträger zu erreichen, haben weltweit verschiedene Gruppierungen auf die Idee gebracht, von den Behörden über den Gerichtsweg eine raschere Gangart und eine schärfere Praxis zu fordern. In der Schweiz gehen beispielsweise die KlimaSeniorinnen, in Holland die Stiftung Urgende diesen Weg.

II.

Dieser Pfad dürfte indessen eher zu einer Zerfledderung des Themas und zu einer Verlagerung der Diskussion auf manche Nebengleise statt zu einer Beschleunigung der als zielführend betrachteten Massnahmen führen – zumal Zielsetzungen, Ansprüche und Begründungen stark voneinander abweichen und nicht ohne weiteres erkennbar ist, was denn nun eigentlich eingefordert werden soll. Damit wird eine facettenreiche Diskussion eröffnet, die letztlich zu einer

Zerredung der in der Klimakonferenz von Paris festgelegten Klimaziele und einer Schmälerung ihrer subjektiven Relevanz für die eingereichten Klagen führen dürfte.

III.

Immerhin laufen die Klagepunkte in der Regel darauf hinaus, dass der Staat die ihm von der Verfassung übertragenen Verpflichtungen einzelnen Personengruppen (z.B. den Seniorinnen oder den Kindern oder der Gesamtbevölkerung) gegenüber nicht genügend wahrnehme und dass er deshalb verpflichtet werden soll, die Massnahmen zum Schutz des Klimas strenger zu fassen, die CO-2-Reduktionsziele zu erhöhen und die zeitlichen Vorgaben zu verkürzen. Damit wird die Kausalkette erweitert: Statt eines allgemeinen Schädigungspotenzials durch die Klimaveränderung (die nota bene auf einem politischen Entscheid aufgrund starker Indizien beruht) muss nun noch eine Schädigung der Betroffenen durch eine zu lasche Umsetzung der beschlossenen Massnahmen nachgewiesen werden. Damit gelangt man vom Hundertsten ins Tausendste.

IV.

Für diese Vorgehensweise gilt wohl der altbekannte Spruch „Das Gegenteil von gut ist gut gemeint". Denn alles, was von entsprechenden Vorstössen auf das glitschige Glacis der Jurisprudenz zu erwarten steht, ist ein Streit um Zuständigkeiten, Methodik, Legitimation und Verfahrensfragen, begleitet von einem Wust von Interpretationen, Argumenten und Gegenargumenten. Und dies unter Beachtung aller Prozessordnungen über mehrere gerichtliche Stufen und Instanzen hinweg. Es sei in diesem

Zusammenhang daran erinnert, dass der Gerichtsweg oft mit der Absicht beschritten wird, eine Entscheidung zu verzögern statt sie herbeizuführen.

V.

Deshalb ist auch der Gedanke verkehrt, den Rechtsweg zur Beschleunigung eines bereits angestossenen politischen Prozesses nutzen zu können. Bekanntlich werden Gerichte vor allem dann angerufen, wenn die Möglichkeit einer gütlichen Einigung erschöpft ist oder wenn es darum geht, den Vollzug von Massnahmen zu verzögern oder zu relativieren. Oder auch bloss, um einem Anliegen zu mehr Publizität zu verhelfen, welches sonst in Vergessenheit zu geraten droht. Diese Voraussetzungen sind hier eindeutig nicht gegeben.

VI.

Somit dürften die Klagen eher zu einer Verzögerung denn zu einer Beschleunigung der erklärten Zielvorgaben führen und sich damit vielleicht als beschäftigungstherapeutisch wertvoll, aber letztlich als kontraproduktiv erweisen. Denn was tut eine Behörde, wenn sie angegriffen und zu einem von ihrem Duktus oder Tramp abweichenden Verhalten gedrängt wird? Es kann ihr durchaus einfallen, sich darauf zu berufen, dass zunächst die einschlägigen Gerichtsurteile abzuwarten seien, ehe man in der Sache weiterfahren könne – schon allein deshalb, weil man sich nicht dem Vorwurf aussetzen will, etwas falsch angepackt zu haben.

VII.

Ungleich wichtiger erscheint jedoch der Aspekt, dass hier von der Justiz die Lösung eines Problems erwartet wird, welchem letztlich nur technisch und organisatorisch beizukommen ist. Ganz abgesehen davon, dass durch die Verrechtlichung eines Problems oftmals dessen Lösung verhindert wird. Solches dräut überall dort, wo Gerichtsurteile technische und methodische Aspekte beinhalten und dadurch einen alten Wissensstand festschreiben – Gift für Problemlösungen, die zwingend auf Innovationen angewiesen sind. Eilen aber umgekehrt die Gesetzesbestimmungen der Technik voraus, so werden einfach die Kontroll- und Prüfkriterien so manipuliert, dass die Bestimmungen eingehalten werden können. So geschehen im sogenannten „Diesel-Skandal". Ergo: Gesetzesbestimmungen und Gerichtsurteile taugen so viel wie der Wille und die Möglichkeiten, sie umzusetzen.

VII.

Solch fragwürdige Hauruck-Jurisdiktion könnte im Extremfall auch durch die „Klima-Klagen" ausgelöst werden – beispielsweise in dem Sinne, dass ein Gericht sich dazu versteigt, proportionale oder Pro-Kopf-Verbrauchsgrenzen für fossile Brennstoffe festzulegen. Dadurch würde beispielsweise von Gerichts wegen das Rezyklieren von CO_2 massiv eingeschränkt und dadurch der einzige Weg verbaut, der zur Erreichung der Klimaziele führen könnte.

VIII.

Schliesslich wären in diesem Zusammenhang noch die Motive
zu hinterfragen, die die Akteure zu ihren Klagen verleitet
haben. Die Arbeitsgemeinschaft Innovationscontainer hat
hier die Probe aufs Exempel gewagt und sich mit einer der
Kläger-Organisationen in Verbindung gesetzt. Sie hat diese in
kurzen Zügen über die neuen Möglichkeiten des CO-2-
Recyclings informiert und die „Klima-Kläger" sehr pragmatisch
angefragt, ob sie bereit wären, von dieser Information
Gebrauch zu machen und die Biopyrolyse als
Lösungsvorschlag einzubringen. Die Antwort war sehr
freundlich, aber negativ: Wo käme man hin, wenn man sich in
diesen Aktivitäten nicht auf die Empörungsbewirtschaftung
beschränken würde. Will heissen: Die Publizität, die die
Klimadiskussion derzeit geniesst, dafür zu verwenden, um ein
eigenes Süppchen zu kochen. Damit ist wohl alles gesagt.

Appendix 2:

An der Biokohle kann die Welt genesen:
Die weltweite Herstellung von Biokohle rettet nicht nur Klima und Agrarwirtschaft, sondern schafft auch einen neuen Markt für ein faszinierendes Produkt.

I.

Der Pflanzenkohle eröffnen sich in verschiedensten Branchen und auf zahlreichen Fachgebieten hochinteressante Anwendungen, die sie in jeder Beziehung zu einem hochwertigen Produkt für die Bereiche der Agrar- und der Viehwirtschaft, der Hygiene, der Umwelttechnik, der internistischen Medizin, der Bauwirtschaft, des Strahlenschutzes, der Isolation und der Textilwirtschaft machen. Einige Beispiele mögen den Wert belegen:

II.

Viehhaltung: Verwendung als Silagehilfsmittel, Futterzusatz, Einstreu, Güllebehandlung und Mistkompostierungs-Beschleuniger. Durch die systematische und kontinuierliche Anwendung als Futterergänzungsmittel wird die Qualität der Verdauung gefördert; Durchfallerkrankungen wie auch eine überschüssige Methanproduktion nehmen rasch ab, ebenso Allergien, und die Futteraufnahme verbessert sich. Durch die Nutzung als Einstreu nimmt die Geruchsbelastung deutlich ab.

III.

Bodenmelioration: Einsatz als Mineraldünger, Kompostzusatzstoff, Torfersatz, Beigabe zu Ansaaterde, Trägermaterial für Pflanzenschutzmittel sowie als allgemeiner Bodenverbesserer zur Erhöhung der Wasserspeicherfähigkeit und der Bodenbelüftung wie auch zur Verhinderung von Staunässe. Düngemittelersatz nach vorgängiger Nutzung als Streumittel in der Viehhaltung. Durch maschinelle Bearbeitung verdichtete, überdüngte, zu trockene oder zu nasse Böden regenerieren sich durch das Einbringen von Biokohle innerhalb von lediglich zwei bis drei Jahren.

IV.

Bauwesen: Nutzung als Dämmstoff und als Mittel zur Luftfeuchtigkeitsregulation. Pflanzenkohle verfügt über eine extrem niedrige Wärmeleitfähigkeit und kann bis zum Sechsfachen ihres Eigengewichts Wasser aufnehmen. Damit können atmungsaktive Dämmplatten hergestellt werden, die nicht nur isolieren, sondern auch im Sommer und Winter die Luftfeuchtigkeit in den Räumen im Idealbereich zwischen 45 und 70% halten. Zugleich verbessern sich Wohnklima und Wohnhygiene; Schimmelbildung unterbleibt.

V.

Strahlenschutz: Verwendung zur Abschirmung geopathischer und elektromagnetischer Strahlungen, einerseits als Bodenplatten zur Abwehr von Erd- und Wasserstrahlen, anderseits zur Abschirmung elektromagnetischer Strahlungen in Mikrowellengeräten, Fernsehapparaten, Netzgeräten,

Computer- und elektronischen Steuerungssystemen sowie von Steckdosen, Schaltern und Kabeln.

VI.

Schlafhygiene: Pflanzenkohle kann als komplementärer Füllstoff für Matratzen, Decken und Kopfkissen verwendet werden. Sie nimmt Transpirationsfeuchtigkeit auf und neutralisiert Geruchsstoffe. Ausserdem wirkt sie als effizienter Wärmeisolator, der durch Rückstrahlung der Körperwärme für ein wohliges Bettklima sorgt. Zugleich schützt dieser Inhaltsstoff vor elektromagnetischen Feldern und gewährleistet so einen ungestörten Schlaf. Allerdings muss das umgebende Gewebe so dicht sein, dass keine Kohlepartikel austreten können. Denn Kohlestaub ist zwar nicht giftig, kann aber beim Einatmen seiner Persistenz zufolge Probleme verursachen.

VII.

Gewässerschutz: Pflanzenkohle lässt sich zur Bindung und Ausfällung von Schwebestoffen im mechanisch vorgereinigtem Abwasser, aber auch zur finalen Filtrierung und Geruchsbeseitigung in der vierten oder fünften Abwasser-Reinigungsstufe einsetzen, wo es vor allem um das Herausfiltern von Medikamentenrückständen geht. In den Uferzonen von Bächen und Flüssen, die an intensiv bewirtschaftete Felder angrenzen, lassen sich Pflanzenkohle-Platten als Sperren gegen abfliessende Düngemittel und Pestizide einsetzen.

VIII.

Trinkwasserbehandlung: Verwendung als Mikrofilter-Material, welches nicht nur mikrofeine Verunreinigungen aus dem Trinkwasser entfernt, sondern auch Geruchs- und Geschmacksstoffe. Der Applikationsbereich reicht dabei vom Mikrofilter-Trinkwasserröhrchen, das der Tourist in ferne Länder mitnehmen kann und das ihn vor verunreinigtem Wasser schützt, über kleine und grosse Filterkartuschen für Haushalt und Industrie bis zum grossen Trinkwasser-Aufbereitungswerk für Siedlungen und Städte.

IX.

Behandlung von See- und Teichwasser: Auch das Wasser von belasteten stehenden Gewässern kann durch das Ausbringen von Pflanzenkohle nachhaltig verbessert werden – einerseits durch die Adsorption von Phosphaten, die in zu grossen Mengen zu einer Überdüngung führen, anderseits durch die Bindung von Pestiziden und anderen chemischen Rückständen. Zugleich sorgt Pflanzenkohle für eine bessere Belüftung der Gewässser und eine höhere Sauerstoff-Aufnahmefähigkeit des stehenden oder fliessenden Wassers. Sie wirkt auch einem Abfliessen von Nitraten aus Stickstoffdüngemitteln ins Grund- und Oberflächenwasser – dem vielerorts als Folge der Intensivlandwirtschaft auftretenden und bislang ungelösten Nitratproblem – entgegen.

X.

Sanierung von Deponien: Verwendung der Pflanzenkohle zur Neutralisation bzw. Bindung von chemischen Rückständen in geordneten und wilden Deponien sowie bei sogenannten Altlasten auf Industriegeländen. Die meisten Giftstoffe können durch die Biokohle – allenfalls unter Beigabe von Schichtsilikaten – dauerhaft gebunden werden. Durch entsprechende Tests mit Bodenproben kann die Effizienz der Sanierungsmassnahme vorgängig ermittelt werden.

XI.

Jauche-Hygienisierung: Biokohle lässt sich auch vorzüglich für die Hygienisierung und Aufbereitung von Jauche aus Tierhaltungsbetrieben nutzen, die als Düngemittel auf die Felder ausgebracht werden soll. Insbesondere kann Biokohle durch Katalyse effizient Lachgas reduzieren, eine Substanz, die sich auf das Klima 300 mal belastender auswirkt als Kohlendioxid.

XII.

Aufbereitung und Nutzung von Klärschlamm in Abwasserreinigungsanlagen: In Kläranlagen kann der anfallende Klärschlamm – sofern das Abwasser nicht zu stark mit Schwermetallen belastet ist – nach Erhöhung des Feststoffanteils durch Anreichung mit Trockenstoffen oder Trocknung pyrolisiert und zu Biokohle verarbeitet werden. Diese Kohle eignet sich – da Phosphor und Stickstoff darin eingebunden werden – als Universaldünger. Zudem kann sie als Flockungsmittel zur Ausfällung von Schwebestoffen im

Abwasser und als Filtermaterial für die vierte Klärstufe
(Entfernung von Medikamentenrückständen) genutzt werden.

XIII.

Abgasfilterung und Luftverbesserung: Verwendung von
Pflanzenkohle-Filterkartuschen zur Reinigung von Industrie-
und Heizungsabgasen aus konventionellen Anlagen sowie zur
Vermeidung von Geruchsbelästigungen aller Art. Solche
Kartuschen können aber auch in Lüftungsanlagen zur
Reinigung belasteter Ansaugluft oder in partiell
geschlossenen Kreisläufen zur Reinigung und
Wiederverwertung der Abluft aus Arbeitsräumen verwendet
werden.

XIV.

Textilindustrie: Pflanzenkohle kann zur nachhaltigen
Verbesserung der Feuchtigkeits-Ausgleichsfunktion wie auch
zu hygienischen Zwecken, zur Isolation und zur
Dekontamination wie auch zur Abwehr von
Strahlungseinflüssen sowohl in funktionalen Textilien wie
auch in solchen verwendet werden, die der Bekleidung
dienen. Ein weiteres Applikationsfeld bietet sich in
sogenannten „Abstandsgeweben" an, die heute als flexible
Isolations- und Trennmatten auf zahlreichen Gebieten
Anwendung finden.

XV.

Substrate für Hors-Sol-Produktion und Urban Farming: Die
Produktion von Gemüsen und Früchten im Intensiv- und Hors-

Sol-Anbau kann dank Pflanzenkohle zu naturnahen und biologischen Konditionen gewährleistet werden – d.h. zu Bedingungen, für die sonst grosse Mengen an künstlichen Dünge- und Pflanzenschutzmitteln eingesetzt werden müssen. Pflanzenkohle ermöglicht auch den Intensivanbau von biologischen Agrarprodukten auf Balkonen und Flachdächern im Rahmen des sog. Urban Farming.

XVI.

Verbundwerkstoffe: Pflanzenkohlefasern lassen sich auch im Sinne einer Verstärkung und einer nachhaltigen Verbesserung der Zähigkeit sowie anderer erwünschter Eigenschaften mit natürlichen und künstlichen formbaren Stoffen kombinieren – im Sinne moderner Composite-Materialien für eine grosse Fülle von Anwendungen, die allenfalls bis in den chirurgischen Bereich reichen können.

XVII.

Medizinische Applikationen: Biokohle ist auch als Medizinprodukt nutzbar – primär als Verdauungshelfer und Ballaststoff sowie als Säurepuffer und als Adsorbens von Cholesterin aus der Gallensäure, aber auch von Giftstoffen aller Art. Das Produkt kann im Weiteren als Appetitzügler bei Heisshungerattacken eingesetzt werden und ist generell auch für die kontinuierliche Einnahme zu präventiven Zwecken geeignet. Schliesslich gelangt Medizinalkohle auch für topische Applikationen zur Anwendung – so namentlich zur Wundpflege oder für kosmetische Anwendungen.

XVIII.

Elektrotechnik: Dank ihrer extrem grossen Oberfläche (200 bis 1000 Quadratmeter pro Gramm!) und ihrer guten elektrischen Leitfähigkeit kann Pflanzenkohle auch als kostengünstiger Ausgangsstoff für die Herstellung sog. „Supercaps" – d.h. Superkondensatoren zur Speicherung elektrischer Energie – genutzt werden; einer Technologie, an welcher derzeit intensiv geforscht wird. Erfolg verspricht dabei die Weiterverarbeitung des Materials zu Nanokohlenstoff.

XIX.

Aufgrund dieser äusserst vielfältigen Applikationsbereiche lässt sich mittels Pyrolyse und unter dem Titel „Pflanzenkohle" ein ganzer Industriezweig etablieren, zumal die einzelnen der hier – ohne jeden Anspruch auf Vollständigkeit – erwähnten Anwendungen ihrerseits ergänzt und multipliziert werden können. Dies lässt erkennen, dass der Pflanzenkohle über kurz oder lang eine Schlüsselrolle zufallen dürfte im Bemühen, die zivilisatorische Entwicklung nach erkennbar gewordenen Aberrationen und Grenzen wieder auf eine naturnähere Basis zurückzuführen.

Appendix 3

Dank Biokohle-Strategie:
Neue Perspektiven für die Effizienz und die Wirtschaftlichkeit von Abwasserreinigungs-Anlagen

Ausgangslage und Problemstellung

Zu den grösseren Problemen, welchen sich Abwasserreinigungsanlagen gegenübersehen, zählt die fachgerechte Beseitigung des Klärschlamms. Dieser muss heute aus hygienischen Gründen zu relativ hohen Kosten verbrannt werden.

Ein anderes Problem, vor das sich Kläranlagen gestellt sehen, ist die Belastung des Abwassers mit Mikroverunreinigungen, die mit den heute üblichen konventionellen Methoden nicht herausgefiltert werden können. Dabei handelt es sich vor allem um Medikamentenrückstände und um Mikroplastik, d.h. feinste Kunststoff-Partikel im Mikro- und Nanobereich. Letztere sind einerseits auf mikronisierte Kunststoff-Partikel zur Steigerung der Abrasivwirkung von Zahnpasten und gewissen Kosmetika, anderseits auf versprödete Faserteile zurückzuführen, die beim Waschen synthetischer Textilien herausgespült werden.

Die Mikroverunreinigungen sind in den letzten Jahren zu einem grossen Problem geworden, weil sie sich über das Wasser in die Nahrungskette „einschleichen" – beispielsweise über das Plankton und die Meeresfische bis in den menschlichen Organismus. Es besteht deshalb dringender Handlungsbedarf

Die Lösung

Beide Probleme können heute mit der in diesem Werk vorgestellten neuen Technologie der Biokohlen-Gewinnung aus Biomasse – zu der auch der Klärschlamm zu rechnen ist – gelöst werden. Der Prozess benötigt – ausser in der Startphase – keine zusätzliche Energie. Dagegen sollte die der Pyrolyse zugeführte Biomasse einen Feststoff-Anteil von über 50% aufweisen.

Die bei der Pyrolyse entstehende Wärme kann zum Trocknen des Klärschlamms wie auch zur Beschleunigung der Gärprozesse verwendet werden. In einer Vorstufe kann aber auch Dampf erzeugt werden, der mit einer Dampfturbine für die Produktion elektrischer Energie genutzt werden kann.

Die Biokohle dient der Beschickung der Filterbetten für die Reinigungsstufe 4, in welcher die Mikroverunreinigungen herausgefiltert werden. Zur Reinigung kann die Biokohle periodisch rezykliert werden. Dies geschieht durch die erneute Pyrolyse, d.h. durch das Hinzufügen der gebrauchten und mit Schadstoffen angereicherten Filter-Biokohle in den pyrolytischen Prozess – was den zusätzlichen Vorteil aufweist, dass auf diese Weise der Feststoff-Anteil der Biomasse erhöht werden kann.

Ausserdem kann die Biokohle im Rahmen des Klärbetriebs auch als Flockungsmittel mit guter Bindekraft für das Ausfällen von Schwebestoffen genutzt werden. Die dafür verwendete Biokohle gelangt in der Folge in den Klärschlamm und erhöht dadurch – als willkommener Nebeneffekt – dessen Feststoff-Anteil.

Die überschüssige Biokohle – d.h. der mutmasslich grössere Teil der Produktion – kann als Aktivkohle in der Trinkwasseraufbereitung kommunaler Wasserversorgungsbetriebe eingesetzt werden. Ausserdem kann sie als effizientes biologisches Dünge- und Bodenverbesserungsmittel an Hobbygärtner und kommerziell geführte Gartenbaubetriebe veräussert werden. Das Substrat eignet sich aber auch für Zimmer- und Balkonpflanzen.

Die Freisetzungs-Kapazität der im Substrat gebundenen Mineralstoffe kann erhöht und beschleunigt werden, wenn der Biokohle als bioaktive Substanz frischer, hygienisierter Klärschlamm – oder Phosphor, der in einem gesonderten Verfahren ausgefällt werden kann – zugefügt wird.

Der wirtschaftliche und ökologische Nutzen

Die Ausrüstung von Abwasserreinigungsanlagen mit Systemen zur Produktion von Biokohle bringt sowohl einen signifikanten wirtschaftlichen wie auch einen substanziellen umwelttechnischen Nutzen. Diese lassen sich wie folgt charakterisieren:

Höhere Wirtschaftlichkeit wird durch den Verzicht auf die aufwändige Verbrennung des Klärschlamms in Kehrichtverbrennungsanlagen oder Zementwerken und durch den eigenwirtschaftlichen Betrieb der Klärstufe 4 erreicht. Tatsächlich leistet auch die letztere der beiden Funktionen einen nicht unwesentlichen Beitrag zur Verbesserung der

Wirtschaftlichkeit der Gesamtanlage, erfordert der Betrieb dieser finalen Klärstufe doch einen hohen Aufwand, wenn die Aktivkohle aus Fremdquellen beschafft und regelmässig erneuert werden muss.

Wirtschaftlich schlägt auch der Verkauf von Biokohle für den privaten und den kommerziellen Einsatz zu Buche. (Siehe dazu Appendix 2 unter dem Titel „ An der Biokohle kann die Welt genesen: Die weltweite Herstellung von Biokohle rettet nicht nur Klima und Agrarwirtschaft, sondern schafft auch einen neuen Markt für ein faszinierendes Produkt"). Ausserdem entsteht durch die Inertisierung des in der Biomasse gebundenen Kohlenstoffs ein Anspruch auf CO_2-Zertifikate, durch deren Verkauf eine zusätzliche Einnahmequelle geschaffen wird.

Die höhere umweltspezifische Effizienz wird durch die vierte Klärstufe, die Einsparung von Energie und die Abgabe von hochwertigen biologischen Bodenverbesserungs- und Düngematerialien an den privaten und den kommerziellen Gartenbau erreicht, wodurch diese auf den Einsatz von anderen Düngemitteln verzichten und die Pflanzungen auf eine effiziente biologisch-dynamische Bewirtschaftung ausrichten können.

Ausserdem leistet die Biomasse-Umwandlung – wie in dieser Publikation an anderer Stelle dargelegt – einen wichtigen Beitrag zum Klimaschutz, da durch den Verzicht auf die Verbrennung nicht nur kein Kohlendioxid freigesetzt wird, sondern weil der in der Biomasse enthaltene Kohlenstoff – welcher auch durch Oxydation freigesetzt und als CO_2 in die Atmosphäre entweichen würde – durch die Umformung in Biokohle dem Kreislauf faktisch entzogen wird.

Aktueller Stand des Wissens und der Technologie

Das neue Verfahren zur Pyrolisierung von Biomasse hat den sogenannten „Proof of Concept" im Rahmen einer Pilotanlage erbracht. Auf diese Anlage oder eine andere Muster-Anlage kann zurückgegriffen werden, um das Verfahren zu dokumentieren und eine weitere Pilotanlage für die spezifische Applikation in Kläranlagen zu planen und zu realisieren. Umgekehrt ist der Nutzen der Biokohle für die Agrarwirtschaft bekannt und in der einschlägigen Fachliteratur dokumentiert. Ausserdem liefert Appendix 2 detaillierte Informationen über die bedeutende Applikationsbreite des Produkts.

Appendix 4

Der „Kyoto-Antrieb":
**Neue Zukunft für den totgesagten
Verbrennungsmotor –
dank Biokohlen-Strategie auf der einen
und höchster Ressourcen-Effizienz auf der
anderen Seite.**

Die Ausgangslage

Durch das mittlerweile ratifizierte und in der Klimakonferenz von Marrakesch sowie in den weiteren Folgekonferenzen bekräftigte Klimaabkommen von Paris wird der Verbrennungsmotor nach den Vorstellungen der Signatarstaaten faktisch totgesagt und auf den Aussterbe-Etat gesetzt. Effektiv verbleiben bis zum Erreichen der eng gesetzten Klimaziele nur noch wenige Jahre, in welchen es gilt, den Verbrauch von fossilen Energieträgern nach und nach auf ein Minimum herunterzufahren.

Bereits sind denn auch erste Automobilkonzerne damit befasst, ihre Antriebssysteme von den Verbrennungsmotoren auf Elektro- und Hybridlösungen umzustellen, während umgekehrt Förderländer fossiler Energieträger sich besorgt fragen, wie sie künftig die Mittel generieren sollen, um sich finanziell über Wasser zu halten.

Diese Politik greift indessen zu kurz, da sich die Teilnehmer der Konferenzen von Paris und Marrakesch ganz offensichtlich nicht auf dem neuesten Stand des Wissens befanden. Denn mittlerweile gibt es die neue, im ersten Teil dieser Publikation ausführlich beschriebene Methode der Biomasse-Pyrolyse, mit deren Hilfe CO-2 aus der Atmosphäre rezykliert und auf rentable Weise in die vielseitig verwendbare Biokohle eingebunden werden kann.

Dadurch erhält der Verbrennungsmotor gleichsam ein „zweites Leben" – unter der Voraussetzung natürlich, dass bestehende technische Optimierungs-Reserven in den Bereichen von Leistung, Ressourcen-Effizienz und Umwelt- sowie Klimafreundlichkeit ausgeschöpft werden können.

Diese Chance ist heute dank neuer Lösungen in den Bereichen des Motorenbaus und des Treibstoffeintrags in die Brennkammern gegeben. Diese öffnen den Weg zu neuartigen Antriebsaggregaten, die nicht nur den heutigen modernen Verbrennungsmotoren, sondern auch den multiplen alternativen Antriebssystemen, die sich derzeit in Entwicklung befinden, in den Aspekten der Herstellungskosten, der Wirtschaftlichkeit, der Zuverlässigkeit, der Versorgungssicherheit, der Systemkompatibilität, der Skalierbarkeit und der Langlebigkeit deutlich überlegen sein dürften.

Technische Spekulationen…

Die heute im Einsatz stehenden Otto- und Dieselmotoren mit ihrem relativ ungünstigen Verhältnis von Kraft und Wärme stossen nach und nach an physikalische Grenzen der Ressourceneffizienz-Optimierung. Umgekehrt hat sich die Automobilindustrie während Jahrzehnten gegen die Entwicklung neuer Motorenkonzepte aus Respekt vor den gewaltigen Kosten und vor dem Risiko einer entsprechenden Produktions-Umstellung gesperrt. Und dort, wo sie in jüngerer Zeit vielversprechende Neuerungen bis zur Produktionsreife vorantrieb – nämlich mit dem Wankelmotor – sitzt den Entwicklungsverantwortlichen der Schreck über den gelandeten Flop zum Teil noch heute tief in den Knochen und hält sie von weiteren Experimenten ab. Fazit dieses Versäumnisses:

Neue Leistungen werden derzeit vor allem im Bereich der E-Mobilität – und hier namentlich in der Batterie- und in anderen Speichertechniken sowie in der Brennstoffzellen-Technologie – gesucht. Dies nicht zuletzt mit dem Ziel, sich den immer strengeren Vorschriften zu entziehen, die die zuständigen Behörden der EU-Staaten, der USA und anderer Nationen für die Leistungs- und Abgaswerte von Verbrennungsmotoren formuliert und zum Teil bereits durchgesetzt haben. So hat jüngst auch VW offiziell verlauten lassen, dass sich der Konzern in seinen Innovations-Engagements künftig vor allem auf die Elektro-Antriebstechnik konzentrieren werde.

Zugleich hat der schwedische Volvo-Konzern angekündigt, dass er künftig keine Autos mit reinen Verbrennungsmotoren mehr herstellen werde, sondern nur noch solche mit Elektro-

oder Hybridantrieben. Und in Frankreich teilte der Umweltminister mit, dass man bis 2040 aus dem Verbrennungsmotor aussteigen werde. Norwegen will ab 2025 nur noch CO-2-emissionsfreie Fahrzeuge zulassen und Indien will dies ab 2030 tun. Diesen Willensbekundungen ist allerdings gemeinsam, dass noch keine konkreten Vorstellungen darüber bestehen, wie diese Vorgaben konkretisiert werden sollen – wie ja auch wenig Konkretisierbares darüber vorhanden ist, wie das Pariser Klimaabkommen in die Realität übergeführt werden soll.

… und eine taugliche Lösung

Nichtsdestotrotz wurden in den letzten Jahren auch auf dem Gebiet der Verbrennungsmotoren-Technik verschiedene neue Konzepte entwickelt, die darauf abzielen, nicht nur im komplexen Bereich von Leistung, Effizienz und Emissionen, sondern auch in den Aspekten der Mehrstoff-Tauglichkeit – d.h. der Verwendbarkeit verschiedener Brenn- und Treibstoffarten und -qualitäten – neue Perspektiven zu eröffnen. Ein solches Konzept, welches der Verbrennungsmotoren-Technologie in den Bereichen Leistung, Ressourcen-Effizienz und Wirtschaftlichkeit einen ganz neuen Fokus eröffnet, sei nachstehend in kurzen Zügen vorgestellt.

Die – nach dem derzeitigen Wissensstand wohl bestechendste – Lösung der Problemstellung bietet sich in der Form einer Kombination eines neuartigen, sich teilweise an Ing. Wankel orientierenden Motorenkonzepts mit einer völlig neuartigen Form des Treibstoffeintrags in die Brennkammern an, welcher eine nahezu stöchiometrische

Verbrennung des Kraftstoffgemischs ermöglicht. Beide Systeme haben den Proof of Concept in verschiedener Hinsicht erbracht, sind skalierbar, flexibel und mehrstofflich nutzbar.

Der neue Motor

Die Basis des neuartigen Motors bildet ein Kolbenrotor mit zwei gebogenen Zwillingszylindern, die um eine Mittelachse drehen. Dies ermöglicht – im Gegensatz zum System der Kurbelwelle – nicht nur eine nahezu verlustfreie Kraftübertragung, sondern auch ein günstigeres Drehmoment. Insgesamt darf konstruktionsbedingt mit einer um 20 bis 25 Prozent besseren Brennstoffnutzung im Vergleich zum Ottomotor gerechnet werden. Zudem weist der Motor gegenüber dem herkömmlichen Hubkolbenmotor die folgenden konkreten Vorteile auf:

- **Kompaktere Bauweise, geringeres Gewicht:** Gegenüber einem leichten Hubkolbenmotor für kleinere Leistungen weist der neue Motor ein um 20 kg geringeres Gewicht (60 statt 80 kg) auf – ein Indiz dafür, dass der Treibstoff durch kürzere Kraftübertragungs-Wege besser genutzt wird und dass allein schon das niedrigere Gewicht einen geringeren Verbrauch nach sich zieht.

- **Weniger Bauteile:** Gegenüber dem herkömmlichen Otto-Motor setzt sich der neue Motor aus lediglich 63 statt aus 240 Einzelteilen zusammen – was nicht nur weniger Material, sondern auch geringere Produktions- und Montagezeiten erfordert und ausserdem auf einen deutlich effizienteren Betrieb und eine geringere

Störungs- und Justierungsbedarfsanfälligkeit hinweist.

- **Langsamlauf-Eigenschaften:** Der neue Motor benötigt für die gleiche Leistung nur die Hälfte der Umdrehungen eines Hubkolbenmotors. Sicheres Indiz für einen ruhigeren Lauf, eine höhere Verschleissfestigkeit und eine längere Lebensdauer.

- **Mehrstoff-Fähigkeit:** Der neue Motor eignet sich für den Betrieb mit verschiedensten Brenn- und Treibstoffen wie Benzin, Dieselöl unterschiedlicher Qualitäten, Erdgas, Ethanol und andere Biotreibstoffe sowie Wasserstoff.

- **Skalierbarkeit:** Der neue Motor kann für jede Leistungsstufe gebaut werden – angefangen bei den Antriebsaggregaten für Kleinmotorräder über die Automobilmotoren bis hin zu Grosseinheiten für Lastwagen, Lokomotiven, Schiffe und für militärische Zwecke.

Die neue Kraftstoff-Einspritzung

Parallel dazu wurde in den letzten Jahren unter dem Titel „Mikroextrusion" ein neuartiges System für die Mischung, Verdichtung und Austragung von flüssigen und pastosen Substanzen entwickelt, welches die dem klassischen Extruder (vide „archimedische Schnecke") inhärenten Nachteile des „Bottleneck"-Verfahrens kompensiert.

Bei der Düse dieses Systems handelt es sich um eine eigentliche „Schlupfdüse", die bei der Passage von Flüssigkeiten dank des Aufbaus eines Fluid-Gleitkissens keinen Reibungswiderständen unterliegt. Es handelt sich dabei übrigens um eine Eigenschaft, an der sich zuvor schon Generationen von Ingenieuren bei der Konstruktion von Einspritz- und Vernebelungssystemen für Brennkammern durch die stete Suche nach noch glatteren und noch „schlüpfrigeren" Oberflächen buchstäblich die Zähne ausgebissen haben, ohne je wirklich zum Ziel zu gelangen.

Gegenüber herkömmlichen Brenn- und Treibstoff-Eintragungssystemen in der Form von Injektoren, die die Treibstoffe unter hohem Druck von 1´600 bar und mehr in die Brennkammern spritzen, weist die „Schlupfdüse" aufgrund ihrer speziellen Konstruktion die folgenden Vorteile auf:

- Eine **optimale Vernebelung des Brennstoffs** und im Anschluss daran eine **nahezu stöchiometrische Verbrennung**.

- Einen absolut **minimalen Schadstoff-Ausstoss**, selbst bei schlechteren Brennstoff-Qualitäten geringeren Raffinationsgrads.

- **Keinerlei Verkokung der Düsen**, d.h. Vermeidung eines Effekts, der die Qualität der Verbrennung schon nach kurzer Betriebszeit stark herabsetzt.

- **Günstigere Düsen-Geometrie** und eklatant bessere „Schlüpfrigkeit" der Düsenwandungen, was zu einer homogeneren Qualität des Brennstoffnebels führt.

- **Kostengünstigere Herstellung der Düsen**, da für deren Produktion auch günstigere Materialien verwendet werden können.

- **Höhere Lebensdauer** der Düsen, auf deren periodische Auswechslung ggf. verzichtet werden kann.

- Signifikant **bessere Ausnützung der Treibstoffe** zur Krafterzeugung und dadurch signifikant geringerer CO2-Ausstoss.

- Option der **Anreicherung der Treibstoffe** durch den peripheren Eintrag von Gasen oder von Sauerstoff.

- Möglichkeit der **Herstellung applikationsspezifisch optimierter Brennstoffgemische** in der vorgelagerten Mischkammer.

Fazit

Konkret ist davon auszugehen, dass durch die geplante Kombination der beiden Systeme das Kraft/Wärme-Verhältnis, welches beim konventionellen Otto-Motor zwischen 30:70 und 40:60 liegt, in die Nähe von 50:50 gepusht werden kann. Im gleichen Zug liesse sich der C02-Ausstoss um bis zu 50% reduzieren, wodurch die fossilen Brennstoffe ihre derzeit durch ungünstige Prognosen belastete Position sowohl aus umwelt- wie auch aus klimatechnischer Sicht deutlich zu korrigieren und das zu kompensierende CO2-Volumen stark zu verringern vermöchten.

Dank der Möglichkeit zur Ausrüstung der Injektoren mit einer vorgelagerten Mischkammer kann vor Ort laufend und stufenlos ein dem Leistungserfordernis jeweils optimal

angepasstes Treibstoffgenmisch hergestellt werden.
Ausserdem kann über den Gleitmantel der Schlupfdüse
laufend molekularer Sauerstoff eingeblasen werden, der vor
Ort mittels eines Molekularsiebs der Umgebungsluft
entnommen werden kann. Dadurch kann der Brennwert des
Kraftstoffs noch erheblich erhöht werden.

Im Weiteren kann auf eine Praxis zurückgegriffen werden,
welche früher – vor allem in den Zeiten des Zweiten
Weltkriegs – bei akutem Treibstoffmangel mit bestem Erfolg
angewendet wurde: Die Anreicherung oder „Streckung" von
Dieselöl mittels Wasser. Dieses Vorgehen wurde später
wieder aufgegeben, als billiger Treibstoff ad libitum zur
Verfügung stand. Dank Mischkammer und differenzierten
Steuerungsoptionen könnte das Procedere heute wieder
aufgenommen werden – zumal mittlerweile für diesen Zweck
ein speziell konditioniertes „Kristallwasser" zur Verfügung
steht, welches spezielle Eigenschaften besitzt, als eine Art
Katalysator wirkt und von der Universität Washington als
„vierter Aggregatszustand" von Wasser eingestuft wurde.

Antriebssysteme dieser grundlegend neuen Art können nicht
nur für Zwecke der Mobilität, sondern auch für den Betrieb
von Kleinkraftwerken und KWK-Anlagen (siehe dazu Appendix
5) genutzt werden. Bei einem nüchternen Vergleich der
Systemkosten ist davon auszugehen, dass in Gebieten
mittlerer und niedrigerer Siedlungsdichte eine dezentrale
Versorgung den herkömmlichen zentralen
Versorgungssystemen nicht nur in Bezug auf die
Versorgungssicherheit, sondern auch wirtschaftlich deutlich
überlegen sein dürfte – selbstverständlich in lokal vernetzter
Form, wofür es heute adäquate Steuerungs- und
Ausgleichssysteme gibt.

Hocheffiziente lokale Versorgung mit Kraft und Wärme

Biokohlen-Strategie und „Kyoto-Antrieb" machen den Weg frei für eine dezentrale Energieproduktion, die höchsten Ansprüchen an Versorgungssicherheit und Wirtschaftlichkeit entspricht.

Ausgangslage

Durch die Abkommen von Kyoto und Paris ist die Erdölwirtschaft unter starken Druck geraten; einerseits drohen staatliche Massnahmen wie das (zum Teil bereits durchgesetzte) Verbot der Installation von Ölheizungen und ein weiterer Druck auf die Automobilhersteller, anderseits wird das Verbrennen fossiler Energieträger durch die CO_2-Kompensationen mittels handelbarer Zertifikate weiter verteuert.

Effektiv wurden Brenner und Verbrennungsmotoren auf den Aussterbe-Etat gesetzt, nachdem man sich in der Politik darauf geeinigt hat, dass durch das Verbrennen fossiler Energieträger in grossem Ausmass eine Klimakatastrophe drohe – ungeachtet des Umstands, dass die von einer Mehrheit der Klimaforscher vertretene These keineswegs unumstritten ist. Was aber auch immer die Facts in diesem

Spiel von Thesen und Antithesen sein mögen: Die Politik hat gesprochen und sie hat neue Realitäten geschaffen.

Was konkret bedeutet, dass sowohl Brenner für Heizungen wie auch Verbrennungsmotoren auf absehbare Zeit wohl nur dann eine Zukunft haben dürften, wenn es gelingt, diese klimaneutral zu betreiben. Danach wurde jedoch gar nicht ernsthaft gesucht, da man sich voreilig darauf versteifte, jetzt gezielt Alternativen wie die Fotovoltaik, die Batterietechnik wie auch die Kombination von Wasserstoff und Brennzellen-Technologie – und ausserhalb von Mitteleuropa auch die Nukleartechnik – fördern zu müssen.

Dabei ist eine adäquate Möglichkeit in der Form der „Biokohle-Strategie" durchaus vorhanden, wie wir in dieser Schrift zeigen. Dank der Entwicklung dieser rentabel gestaltbaren Methode für die Rückführung und dauerhafte Inertisierung des als Folge der Verbrennung fossiler Energieträger in die Atmosphäre entweichenden Kohlendioxids können Verbrennungsmotoren in absehbarer Zeit durchaus klimaneutral betrieben werden, auch wenn die Treibstoffe zu deren Betrieb fossiler Herkunft sind.

Was jedoch durch diese neue Methode nicht tangiert wird, ist die Notwendigkeit und Pflicht zur Kompensation bzw. zum Nachweis, dass das freigesetzte Kohlendioxid kompensiert wird. Dank der Möglichkeit zur Produktion von Biokohle kann diese Kompensation heute 1:1 erfolgen und nicht bloss durch diffuse Vermeidungsstrategien. Das Institut der international handelbaren CO2-Zertifikate bleibt also nicht nur aktuell, sondern wird durch die neue Recycling-Methode noch nachhaltig verbessert. Umgekehrt werden diese Zertifikate einer neuen Qualität die wirtschaftlichen Anreize für die flächendeckende Umwandlung von Biomasse in Biokohle signifikant erhöhen.

Damit bleiben auch die bereits vergessen geglaubten Anreize zu einer möglichst effizienten Nutzung der fossilen Energieträger erhalten. Und auch diese Forderung kann vollauf erfüllt werden, wenn gezielt auf gewisse Technologien zurückgegriffen wird, die eine neue Stufe der Ressourcen-Effizienz erschliessen:

Neue Brenn- und Treibstoffe

Parallel dazu gibt es im Bereich alternativer Brenn- und Treibstoffe mit per se klimaneutralen Eigenschaften durchaus unausgeschöpfte Möglichkeiten. Dabei stehen vor allem die folgenden Energieträger im Vordergrund:

- **Biodiesel** kann aus pflanzlichen Rohstoffen wie auch aus verschiedensten Rezyklaten gewonnen werden. Als besonders interessant erscheint dabei eine Pyrolyse-Technik, mit der Öl aus Kunststoff-Abfällen, aber auch aus alten Pneus gewonnen werden kann. Allerdings ist auch dieses Öl – ungeachtet dessen, dass es sich dabei um ein Rezyklat handelt – teilweise CO_2-kompensationspflichtig.

- **Ethanol** wird schon seit Jahren aus unterschiedlichsten pflanzlichen Rohstoffen gewonnen, die entweder als Abfallstoffe aus der Agrarwirtschaft zur Verfügung stehen oder speziell zu diesem Zweck angebaut werden. Denkbar ist auch ein dreistufiges Verfahren (z.B. mit Mais), in dessen Rahmen zunächst Futtermittel, danach Ethanol und schliesslich Biokohle gewonnen werden können.

- **Wasser als Brennstoff** zu bezeichnen, erscheint reichlich gewagt. Und dennoch haben Versuche mit der Verbrennung von Öl/Wasser- und Benzin/Wasser-Gemischen hochinteressante Ergebnisse geliefert. Durch bestimmte Vorbehandlungen des Wassers zu sogenanntem „Kristallwasser" (das von der Universität Washington als „vierter Aggregatszustand" des Wassers bezeichnet wird) lässt sich die Effizienz noch steigern.

- **Additive**, wie sie heute für verschiedene Treibstoffe zur Anwendung gelangen, können ebenfalls zur Effizienzsteigerung beitragen. Auch da gibt es biologische Alternativen wie beispielsweise Rizinusöl.

- **Molekularer Sauerstoff**, mit dem sich die Verbrennungsluft zwecks Optimierung der Reagibilität des Treibstoffgemischs anreichern lässt, kann mittels eines Molekularsiebs während des Betriebs aus der Umgebungsluft gewonnen werden.

Alles in allem ist davon auszugehen, dass bei einer umsichtigen und koordinierten Bewirtschaftung der Ressourcen ein beträchtlicher Teil des heute durch fossile Energieträger gedeckten Treibstoffbedarfs durch klimaneutrale Stoffe abgelöst werden kann. Dies unter der Voraussetzung, dass dafür auch auf technischer Seite die erforderlichen Systeme geschaffen werden können. Daneben sind aber auch neue Treibstoffe auf der Basis fossiler Brennstoffe denkbar. So beispielsweise Oel-Wasser-Kohledunst-Slurry, ein homogenisiertes Gemisch aus den genannten Komponenten, wobei die Kohle feinst gemahlen wird. Die optimale Zusammensetzung und Verarbeitung wie auch die adäquate Eintragung in den Brennraum muss dabei mittels Befeuerungstests ermittelt werden.

Neues Düsen- und Motorenkonzept

Neuartige Treibstoffe und Treibstoffgemische mit ihrer meist höheren Viskosität, ihrer spezifischen Fliessfähigkeit und ihrer häufigen Tendenz, mit anderen Komponenten des Gemischs und den Düsenwänden zu interagieren können mit der bestehenden Düsentechnologie kaum adäquat genutzt werden.

Hier hilft nun das neue Düsenkonzept weiter, das unter dem Begriff „Mikroextrusion" ursprünglich für die Verarbeitung hochvisköser und pastöser Flüssigkeiten entwickelt wurde und welches wir in Appendix 4 unter dem Titel „Die neue Kraftstoff-Einspritzung" eingehend vorgestellt haben. Es verfügt einerseits über eine Düse, deren Durchlass als weltweit erste Konstruktion dieser Art praktisch keinen Reibungswiderstand erzeugt – wodurch zugleich das Volumenschwankungs- und Verstopfungsrisiko entfällt und anderseits über eine vorgelagerte Mischkammer, mit welcher die auszutragenden Stoffe laufend vor Ort gemischt und in der Zusammensetzung verändert werden können. Dadurch lassen sich selbst schwierigste Medien optimal zur Verbrennung bringen.

Zugleich erlaubt das neue Konzept den Aufbau einer universellen Versuchsanlage, mit der verschiedenste Brennstoffgemische aus Substanzen fossilen und nicht fossilen Ursprungs ausgetestet werden können. Dank der Mischkammer können bei laufendem Betrieb verschiedene Brennstoff-Komponenten stufenlos verändert und parallel dazu die Leistungsdaten und die Abgaswerte – insbesondere CO2 und Schadstoffe – laufend ermittelt werden. Für die Entwicklung und Optimierung neuer Brennstoffgemische ist ein derartiger Versuchsstand von unschätzbarem Wert.

Von adäquater Bedeutung wie der Brennstoff-Eintrag ist aber auch der Antrieb, für den ebenfalls ein neues und bereits erprobtes Motoren-Konzept vorliegt, das wir in Appendix 4 unter dem Titel „Der neue Motor" ebenfalls ausführlich vorgestellt haben. Die Kombination der beiden Systeme bildet einen idealen Antrieb nicht nur für mobile Systeme, wie sie der Individual- und Kollektivverkehr braucht, sondern auch **für stationäre Zwecke wie Generatoren und KWK-Anlagen.**

Kraft-Wärme-Koppelung eines neuen Leistungsstandards...

Die hier vorgestellten, bahnbrechenden technischen Innovationen – CO2-Recycling durch Biokohle-Produktion, reibungswiderstandsfreie Düsen, Mischkammern für Brenn- und Treibstoffe sowie neuartiges Konzept für Mehrstoff-Verbrennungsmotoren – ermöglichen den Bau neuartiger und hocheffizienter KWK-Anlagen für Ein- und Mehrfamilienhäuser wie auch für ganze Quartiere und Siedlungen. Während das Kohlendioxid-Recycling ganz allgemein die Grundlage für das klimaverträgliche Weiterbestehen der Verbrennungsmotoren schafft, bilden die anderen drei Innovationen die Basis für die Konstruktion und den Bau preisgünstiger KWK-Anlagen einer neuen

Effizienzklasse, die wiederum die Voraussetzungen für eine flächendeckende dezentrale Stromversorgung schaffen.

Die KWK-Anlagen dieses neuen Typs bestehen aus dem oben skizzierten Antriebssystem, einer Wärmepumpe und einem mehrstufigen Generator sowie einer hochdifferenzierten Steuerung für die Bereitstellung der jeweils benötigten Strom- und Wärmemengen. Damit kann nicht nur die Leistung des Motors und des Generators, sondern auch der Wärmefluss einschliesslich Rückgewinnungssystem gesteuert werden. Ausserdem können die KWK-Anlagen über die Steuerung mit weiteren Energielieferanten – so insbesondere Photovoltaik-Anlagen und geothermischen Systemen – gekoppelt werden.

Über die Steuerung erfolgt auch eine Vernetzung mit anderen Anlagen im Umkreis, wodurch die Versorgung von Grossversorgern unabhängig wird, der Spitzenbedarf befriedigt und die Spannung wie auch der Stromfluss stabil gehalten werden können. Als zusätzliche Ausgleichssysteme innerhalb solcher Netze können Lastabwurfsysteme im unkritischen Bereich sowie kurzfristig einsetzbare Speichersysteme und zuschaltbare Stromerzeugungssysteme auf analoger technischer Grundlage installiert werden. Dabei kann aus dem Arsenal der sich bietenden Möglichkeiten die jeweils funktionalste und wirtschaftlichste Lösung getroffen werden. Im Zentrum steht eine bereits entwickelte Software, mit der sich solche Netze optimal steuern lassen.

… wie auch neuartige Heizsysteme …

KWK-Anlagen des hier vorgestellten Typs ermöglichen – nicht zuletzt auch durch die Option ihrer Vernetzung mit solar- und geothermischen Systemen – die Realisierung neuartiger Heizsysteme. Wichtigste Aspekte sind dabei ein gesunder Klima-Komfort mit entsprechenden Luftreinhaltungs-Optionen, eine hohe energiesparende Flexibilität bei der Steuerung der jeweils wünschbaren Raumtemperaturen und ein Energie- bzw. Wärmeausgleich über die verschiedenen Jahreszeiten hinweg. Die drei folgenden Beispiele mögen dies etwas konkretisieren:

- Eine kurzfristige Anhebung der Raumtemperatur nach Intensivlüftungen, Nachtabsenkungen oder Phasen des längeren Nichtgebrauchs der entsprechenden Räumlichkeiten kann gewährleistet werden durch eine Kombination der üblichen heizwasserbetriebenen Systeme mit modernen, energiesparenden Elektro-Paneelen, die eine wohltuende Strahlungswärme abgeben und so für eine ausgesprochen rasche Anhebung der Raumtemperatur auf ein als angenehm empfundenes Niveau sorgen können.

- Ein jahreszeitlicher Temperaturausgleich ist durch Speicherung der im Sommer anfallenden Wärme-Überschüsse in der Form von Wärme oder Kälte in neuartigen abgeschirmten Erdregistern möglich, wobei sich bei der Kälte das Speichervolumen des Wassers durch Umwandlung des Aggregatszustands in Eis besonders gut nutzen lässt. Die Kälte wiederum kann durch die Funktionsumkehr der Wärmepumpe erreicht werden.

- Der Umkehr-Effekt der Wärmepumpe kann auch genutzt werden, um die Raumheizung im Sommer als Kühlsystem einzusetzen. Diese Funktion könnte durch die zu erwartende weitere Klimaerwärmung an Aktualität gewinnen. Wobei es sich dabei nicht um eine Klimaanlage – deren tendenziell negative Auswirkungen auf die menschliche Gesundheit ausreichend dokumentiert sind – handeln würde, sondern vielmehr um einen „milden" Ausgleich zu hoher und unerträglicher Raumerwärmungen, die wegen der Belastung der Herztätigkeit besonders Personen im Seniorenalter gefährlich werden können.

...für eine effiziente dezentrale Versorgung mit Strom und Wärme

Durch die neu geschaffene Möglichkeit, aus der Verbrennung fossiler Energieträger in die Atmosphäre gelangendes Kohlendioxid vollständig zu rezyklieren, erhält nicht nur das Klimaabkommen von Paris eine neue Ausrichtung – wobei ohnehin nicht davon auszugehen ist, dass es jemals zu einem vollständigen Verzicht aller Nationen auf die Nutzung von Erdöl, Erdgas und Kohle kommen wird –, sondern es ergibt sich auch eine völlig neue und spannende Situation für die Elektrizitätswirtschaft: Dadurch, dass sich neu die Möglichkeit einer flächendeckenden dezentralen Stromversorgung zu ökologisch ausgesprochen günstigen Konditionen eröffnet, hat sich das Konzept einer zentralen Stromversorgung – jedenfalls so, wie sie heute betrieben wird – eindeutig überlebt.

Denn einerseits werden (mit speziellem Blick auf Deutschland und die Schweiz) in Anbetracht des Verzichts auf die Kernkraft wie auch der Folgekosten, die dieser Verzicht nach sich zieht, aber auch mit Blick auf die neuen Vorstellungen bezüglich Luftreinhaltung und Klimaschutz bei gleichzeitiger Versorgungssicherheit die auf zentralen Stromproduktionssystemen aufbauenden Strategien zu teuer – ja unbezahlbar. Und anderseits wurde mit der Förderung der Photovoltaik und dem Instrument der Einspeisevergütungen der Weg zur Dezentralisation längst eingeschlagen – wenn man auch dessen Konsequenzen noch kaum zur Kenntnis genommen hat.

Was anderseits die Kernkraft per se betrifft, die ja von den meisten Ländern ausserhalb Mitteleuropas munter weiter verfolgt und entwickelt wird, so könnte sich hier im Abgleich zu den multiplen, auch wirtschaftlichen Vorteilen einer dezentralen Stromversorgung durchaus die Situation ergeben, dass diese Technologie dereinst aus rein ökonomischen Erwägungen aus dem Wettbewerb fällt.

Tatsächlich bietet eine dezentrale Stromversorgung gegenüber den heutigen zentralen Versorgungs-Strategien die folgenden Vorteile:

- **Blackout Protect:** Die gefürchteten Blackouts, wie sie in jüngerer Zeit vielerorts irritierende und bittere Realität geworden sind, können vermieden werden und beschränken sich auf grosse, noch ungesicherte Einheiten.

- **Schutz vor Sabotage und Naturkatastrophen:** Sowohl Produktionsstätten wie auch Übertragungssysteme können durch verschiedenste Formen der Sabotage (darunter auch Hacker-Angriffe, die aktuell zu den Hauptbedrohungen für Stromversorger gezählt werden), Naturkatastrophen oder elektromagnetische Impulse sowohl kosmischen wie auch künstlichen Ursprungs für lange Zeit lahmgelegt werden. Kleine dezentrale Systeme sind gegen solche Einflüsse weitgehend immun und können nach entsprechenden Einwirkungen rasch wieder aufgestartet werden.

- **Minimierung wirtschaftlicher Erpressbarkeit:** Durch die flächendeckende dezentrale Stromversorgung läuft auch jede Androhung eines Energielieferungsstopps, die heute fast jede Nation zu Konzessionen – oder zumindest zu vorauseilender Konzessionsbereitschaft – veranlasst, ins Leere.

- **Versorgungssicherheit:** Durch die dezentrale und privater Umsicht unterstellte Energie-Vorratshaltung (wie dies bei Brennstoffen für Heizzwecke seit jeher der Fall ist) können kurzfristige Versorgungsengpässe vermieden werden. Dies umso mehr, als die benötigten Vorratsmengen dank signifikant höherer Effizienz der Systeme auf einen Bruchteil der heutigen Erfordernisse zusammenschmelzen werden.

- **Diversifikation der Energieträger:** Die Mehrstoff-Tauglichkeit der Systeme schafft sowohl die Möglichkeit, die jeweils wirtschaftlichsten oder am besten verfügbaren Energiequellen zu nutzen, wie auch die Option, bei Verknappungstendenzen auf alternative Angebote umzusteigen.

- **Gesamtwirtschaftlichkeit:** Dank dem Wegfall der Produktions-, Übertragungs- und Netzwerkverluste, dem Verzicht auf interregional redundante Versorgungssysteme wie auch dank der Simultannutzung der Energieträger für Kraft und Wärme und dank der Kostendegression durch die Produktion der KWK-Systeme in hohen Stückzahlen gestaltet sich eine dezentrale Versorgung nach dem hier präsentierten Modell auch aus strukturellen und systemischen Gründen deutlich wirtschaftlicher als die zentrale Variante.

- **Stabilität:** Die Option der lokalen Vernetzung und Taktung von KWK-Anlagen und die Ergänzung entsprechender Netzwerke durch Überlast-Kompensationssysteme bieten eine gute Versorgungskontinuität und Netzstabilität – das A und das O einer Stromversorgung, an welcher heute immer mehr sensible Steuerungs- und IT-Systeme hängen.

- **Relative Autarkie:** Jeder mit einem entsprechenden System versorgte Haushalt oder Betrieb erreicht – eine umsichtige Vorratshaltung vorausgesetzt – ein hohes Mass an Versorgungs-Autarkie, deren Vorteile sowohl volkswirtschaftlich wie auch politisch nicht unterschätzt werden dürfen.

- **Flexibilität:** Eine dezentrale Versorgung gemäss dem hier skizzierten Konzept kann praktisch unbeschränkt und jeweils am Ort des Bedarfs durch die Installation entsprechender Systeme ausgebaut werden. Gleiches gilt für Fragen der örtlichen Kapazitätsausweitung und für den Erneuerungsbedarf.

- **Kurze bzw. flexible Realisierungsdauer:** Die Implementierung der Umstellung vom zentralen auf ein dezentrales Versorgungssystem kann zulasten des letzteren nach und nach erfolgen; es entsteht weder wirtschaftlicher noch terminlicher Druck.

- **Pannen-Resistenz:** Pannen entsprechender lokaler Systeme können durch die Vernetzung problemlos überbrückt und später behoben werden; sie führen nicht zur Stilllegung grosser Anlagen oder Versorgungsstränge wie bei einer zentralen Versorgung.

- **Auch Einzellösungen wirtschaftlich:** Kleine und weit abgelegene Siedlungen, Weiler und Einzelobjekte können auch einzeln zu wirtschaftlichen Konditionen versorgt werden; teure Zuleitungen über weite Strecken entfallen.

So viel zu den wichtigsten Argumenten, die für eine dezentrale Stromversorgung sprechen. Zwei wichtige Aspekte kommen noch hinzu: Durch die lokale Vernetzung der Energieproduzenten bzw. KWK-Systeme und die Austarierung dieser Netze mittels neuartiger Steuerungssysteme entfallen ein teurer Ausbau und eine aufwändige Renovation der Überland-Hochspannungsnetze; zugleich bricht bei den Stromversorgern nach und nach ein wesentlicher Teil ihres Kerngeschäfts weg. Anderseits wird diesen Unternehmungen jedoch eine wirtschaftlich interessante Alternative geboten. Nämlich die Option, im Rahmen der neuen lokalen Netze wie auch mit der Erstellung und dem Betrieb grösserer Anlagen –

allenfalls durch Contracting – ein neues Basis-Geschäft aufzubauen, welches konjunktur-, interventions- und allgemein risikoresistenter sein dürfte als das heutige.

KWK-Anlage auf Pyrolysebasis als weitere Option

Eine Kraft-Wärme-Koppelungs-Anlage lässt sich – sofern eine geeignete Quelle für Biomasse zur Verfügung steht und für deren Transport die erforderliche Logistik verfügbar ist – auch als Pyrolyse-Anlage für die Verarbeitung von biologischem Grundmaterial zu Biokohle realisieren. Dies für grössere Einzelobjekte, Quartiere und ganze Siedlungen. Solche Anlagen können eine respektable Eigenwirtschaftlichkeit erreichen, zumal die anfallende Biokohle wie auch die im Rahmen des Betriebs anfallenden CO-2-Zertifikate vermarktet werden können.

Die KWK-Option ergibt sich daraus, dass die beim Pyrolyse-Prozess anfallende Prozesswärme sowohl für Heizzwecke wie auch für die Produktion elektrischer Energie genutzt werden kann. Und auch hier können die entsprechenden Anlagen mit geothermischen und solarthermischen Energie-Erzeugern gekoppelt werden. Ausserdem lassen sie sich mit Warmwasser/Druck-Speichern ausrüsten, damit eine kontinuierliche Versorgung auch dann gewährleistet werden kann, wenn die Anlage nicht im Dauerbetrieb bewirtschaftet wird.

Für den Ausgleich stärkerer Schwankungen im Wärme- und Strombedarf wie auch zur Gewährleistung der kontinuierlichen Versorgung im Pannenfall kann die Pyrolyse-

Anlage mit einer kleinen KWK-Anlage der vorgängig
beschriebenen Art ausgerüstet werden, die wahlweise mehr
Wärme oder elektrische Energie produziert. Und schliesslich
kann auch diese Anlage in ein lokales Verbundnetz
einbezogen werden, welches jederzeit eine optimale
Stromversorgung garantiert.

Fazit

Aufgrund der hier dargelegten Konstellation substanzieller
und grundlegender Innovationen bietet sich heute die
einzigartige Chance, die Energiepolitik zu sanften und
wirtschaftlich vertretbaren Konditionen auf eine neue Basis
zu stellen. Dies in Abkehr von den einschneidenden und kaum
bezahlbaren wie auch mit starken politischen Verwerfungen
verbundenen Massnahmen, wie sie derzeit weltweit in
Verfolgung des Pariser Klimaabkommens geplant werden.
Aber auch in Abkehr von den konventionellen zentralen
Strom-Versorgungsstrukturen, die bei Lichte betrachtet
sowohl mit ökonomischen Nachteilen wie auch mit groben
Klumpenrisiken verbunden sind.

Da die Konkretisierung und die Nutzung dieser Chance
indessen ausgesprochen pragmatischer Natur sind, dürfte
ihre Akzeptanz in der gegenwärtig von Streitsucht geprägten
Politik nicht besonders gross sein. Umso wichtiger erscheint
deshalb eine Strategie, die über den Proof of Concept sowohl
für die einzelnen Komponenten wie auch für deren
Zusammenwirken im Rahmen der skizzierten Strategie führen
müsste.

Insgesamt bietet sich damit ein „sanfter" Umbau der
Strukturen an, zumal die bestehende Technologie mit ihrer

etablierten Infrastruktur nicht auf den Kopf gestellt werden muss – was in einer Zeit allgemeiner Verunsicherung und Instabilität mit zusätzlichen Verwerfungen verbunden wäre –, sondern in einem kontinuierlichen Prozess auf neue Vorgaben der Umwelt- und Klimaverträglichkeit umgebaut werden kann.

Einem Prozess nota bene, der – wenn die Sache vernünftig angepackt wird – mit interessanten wirtschaftlichen Anreizen, beschäftigungswirksamen Vorgehensweisen, mehr wirtschaftlicher und versorgungsspezifischer Autonomie an der Basis wie auch mit einer partiellen Ablösung der mächtigen De-facto-Kartelle durch feinere und differenziertere Strukturen verbunden sein kann.

Appendix 6

Zeitbombe Mikroplastik:
In der Biokohlen-Strategie liegt auch ein Schlüssel zur Rettung der Weltmeere.

I.

Zu den grossen Problemen unserer Zeit zählen neben dem Klimawandel, den damit verbundenen Energieversorgungs-Problemen und der Sicherstellung ausreichender gesunder Ernährungsgrundlagen die Vermüllung der Weltmeere mit Plastik, Mikroplastik und chemisch-pharmazeutischen Wirkstoffen. Auch für die Lösung dieses Problems liegt der Schlüssel zumindest partiell in der Biokohlen-Strategie.

II.

Die Plastik-Mikropartikel, welche aus Kosmetika, Hygiene-Produkten und aus Waschmaschinen (letztere in der Form winziger Partikel von versprödeten Kunstfasern) ins Abwasser gelangen, können in einer vierten Klärstufe mittels Biokohle-Filtern aus dem vorgereinigten Abwasser herausgefiltert und hernach mittels Pyrolyse aus der Kohle herausgebrannt werden. Die Biokohle per se kann aus dem in den Kläranlagen reichlich anfallenden Klärschlamm hergestellt werden.

III.

Durch die systematische Ausrüstung der Abwasserreinigungsanlagen mit Biokohle-Produktionssystemen zur eigenständigen Verwertung des Klärschlamms wird nicht nur das Problem der Mikroverunreinigungen massiv entschärft; zugleich ist diese Zusatzausrüstung – wie an anderer Stelle bereits dargelegt – von erheblicher wirtschaftlicher Bedeutung, können doch die Betriebe dadurch Entsorgungskosten einsparen, ihre Ausfäll- und Filtermaterialien selbst produzieren, zusätzliche Energie gewinnen und darüber hinaus noch handelbare CO-2-Zertifikate generieren.

IV.

Die Verfügbarkeit kostengünstiger Biokohle macht es aber auch möglich, Waschmaschinen serienmässig mit entsprechenden Filterkartuschen auszurüsten. Die entsprechenden Kartuschen können – wenn sich die Maschinenhersteller auf eine gemeinsame Norm einigen können – im Einzelhandel gekauft und diesem nach Gebrauch wieder zurückgegeben werden. Eine Serviceorganisation sorgt danach für das Rezyklieren der entsprechenden Inhalte. Diese Aufgabe könnte ebenfalls in Kooperation mit grösseren Abwasserreinigungsanlagen – die ja auch die eigene Filterkohle periodisch rezyklieren müssen – wahrgenommen werden.

V.

Durch den fächendeckenden Einsatz von Biokohle als
biologisches Bodenverbesserungs- und Düngemittel wird
vermieden, dass inadäquat dosierte chemische Stoffe
(Herbizide, Fungizide, Bakterizide etc.) aus dem Boden
herausgewaschen werden und ins Oberflächenwasser
gelangen können. Und längerfristig ist ohnehin zu erwarten,
dass spezifisch geimpfte Biokohle die chemischen
Pflanzenschutzmittel nach und nach zu ersetzen vermag.

VI.

Im Weiteren bewirkt ein konsequentes Kohlendioxid-
Recycling, dass geringere Frachten von CO-2 vom Wasser der
Ozeane aufgenommen werden und dieses negativ verändern
können. Somit ist – wie seitens namhafter Wissenschafter aus
der Domäne der Hydrologie versichert wird, Klimaschutz im
Bereich des CO-2-Recyclings zugleich auch Gewässerschutz.

VII.

Zugleich können aber auch bereits im Meer befindliche
Plastikteile- und Mikroplastik-Partikel herausgefischt und
mittels adäquater pyrolytischer Verfahren verwertet werden.
Grössere Partikel können dabei in sauberes Dieselöl zum
Betrieb von Schiffen umgewandelt werden. Die Finanzierung
der entsprechenden Aktivitäten kann – analog jener zur
Herstellung von Biokohle – ebenfalls über CO-2-Zertifikate
und über einen Zusatzfonds sichergestellt werden, der aus
Gebühren gespiesen wird, die auf Schweröl erhoben werden.
Diese würden zugleich wirtschaftliche Anreize für eine

Reduktion der Meeresverschmutzung durch Grossdiesel schaffen, die heute mit Schweröl betrieben werden und damit – wie auch das direkt in die See entsorgte Bilgenöl – massgeblich zur Verschmutzung der Meere beitragen.

VIII.

Ein entsprechendes Vorhaben könnte auch mit mobilen Systemen für eine nachhaltige Meeresbewirtschaftung gekoppelt werden, die mit einer gezielten Algen- und Krill-Verarbeitung auf hoher See verschiedenste Erzeugnisse von hohem Nutzen herstellen und dabei auch zur Entschärfung des Mikroplastik-Problems beitragen könnten. Auch hier käme die Pyrolysetechnik zum Einsatz und auch hier könnte die CO-2-Abgabe zu Mitfinanzierung dieser Einsätze beigezogen werden – denn: Kunststoffe werden grösstenteils aus Erdöl-Derivaten hergestellt; eine Ausdehnung der Abgabepflicht auf die an die Chemie gelieferten Rohöle und deren Derivate würden somit den entsprechenden Bedarf decken.

IX.

Bleibt noch die Frage, wie denn ein entsprechendes Projekt zeitnah umzusetzen sei. Nun, angesichts der Tatsache, dass auf den Weltneeren derzeit eine grosse Überkapazität an entsprechenden Transportmitteln herrscht – das Binnenland Schweiz bekam dies kürzlich mit einem Bürgschaftsbetrag von 215 Millionen Schweizer Franken zugunsten der ins Defizit fahrenden Schweizerischen Hochseeflotte schmerzhaft zu spüren – sollte es eigentlich nicht schwer fallen, erste Schiffe mit entsprechenden Versuchs-Equipments auszurüsten und erneut von Stapel zu lassen. Eine über CO-2-Abgaben und Recyclingprodukte finanzierte Flotte wäre zumindest für einige Zeit der Defizitwirtschaft entzogen.

Appendix 7

Vom Plan zur Tat:

Unter der Aegide eines Vereins zur Förderung derBio-Pyrolyse soll in der Schweiz eine Versuchs- und Musteranlage zur Herstellung von Biokohle aus Biomasse entstehen.

Obwohl das Prinzip der Pyrolyse praktisch seit Urzeiten bekannt ist und obwohl früher im Rahmen des Köhlerei-Handwerks intensiv damit gearbeitet wurde, geriet die Technik unter dem Einfluss der vergleichsweise billigen und leicht verfügbaren fossilen Energieträger in Vergessenheit. Erst als in den Neunziger Jahren des vergangenen Jahrhunderts Kritik am unbekümmerten Umgang mit Öl, Gas und Kohle und der damit verbundenen Freisetzung von CO-2 sich in die Sorge um die Endlichkeit der Lagerstätten von Erdöl und Erdgas mischte, begannen sich einige findige Köpfe wieder auf diese technische Option zu besinnen.

Leider wurde die Sache damals nicht mit der nötigen Seriosität angepackt. Vielmehr fiel sie in die Hände von Leuten, die das schnelle Geschäft witterten und Pyrolyse-Anlagen zum Gegenstand angeblich sicherer, zukunftsträchtiger und lukrativer Investments machten, noch ehe die Technologie richtig ausgereift war. Verschiedenste Flops waren die Folge und brachten die Technologie in Misskredit. Manche Leute verloren damals viel Geld. Später rückten etliche dieser Geschäftemacher von der Technologie ab, deren Ruf sie gründlich verdorben hatten, und warteten mit einem neuen Geschäftsmodell auf, welches auf der ebenfalls noch unausgegorenen Idee der „freien Energie" und einer Patentschrift des legendären Nicola Tesla basiert.

Damit die Biomasse-Pyrolyse – die inzwischen ihren Basis-Proof mehrfach erbracht hat – mit der nötigen Seriosität betrieben wird und bei ihrer Weiterentwicklung und Proliferation keine wichtigen Schritte ausgelassen werden, sind erste Versuchsanlagen zu bauen, auf welchen die verschiedensten Experimente mit unterschiedlichen Ausgangsmaterialien gefahren werden können. Auf diesen Anlagen wird in der Folge Biokohle in verschiedenen Qualitäten produziert, die jeweils auf ihre Verarbeitungsfähigkeit und ihren Nutzwert hin untersucht werden kann. Diese Anlagen werden so flexibel aufgebaut, dass daran nahezu beliebige Redesigns und Finassierungen vorgenommen werden können.

Es ist beabsichtigt, eine derartige Musteranlage auf dem Areal einer regionalen Abwasserreinigungsanlage zu erstellen. Daraus ergibt sich die Chance, nicht nur verschiedenste Ausgangsmaterialien und Kombinationen auszutesten, sondern zugleich Nutzen und Wirtschaftlichkeit einer integrierten Biopyrolyse-Anlage im Verbund mit einer Kläranlage wie auch die Möglichkeit einer Rückgewinnung von Phosphor zu prüfen.

Die Musteranlage wird nicht für einen durchlaufenden Betrieb, sondern als Chargen-Einheit konzipiert, die sie zur Versuchs- und Teststation für Experimente mit verschiedensten Materialien prädestiniert. Dennoch ist ein rationeller Betrieb möglich, da die jeweils nächste Charge während des Durchlaufs der vorangehenden bereitgestellt werden kann. Die nachfolgende Liste vermittelt einen Überblick über die verschiedenen Versuche und Forschungsarbeiten, die mit der Anlage durchgeführt werden können und sollen.

Versuche mit verschiedenen Ausgangsmaterialien

Als Ausgangsmaterial dient stets Biomasse, die es jedoch in den verschiedensten Zusammensetzungen und Feuchtegraden gibt und die je nach Erfordernis auch aus verschiedenen Ingredienzen gemischt werden kann. So beispielsweise:

- Unbehandelte Holzabfälle aller Art

- Grünschnitzel einschliesslich Laub-Häckselware aus der Forstwirtschaft

- Rückschnitte und Gartenabraum aller Art, Reststoffe aus der Landwirtschaft.

- Klärschlämme unterschiedlichster Zusammensetzungen und Trocknungsgrade.

- Klärschlämme, die zu Erreichung eines höheren Trockenmasse-Anteils mit Holzschnitzeln oder Braunkohle vermischt werden.

- Klärschlämme mit zu Reinigungs- und Regenerationszwecken beigemischter gebrauchter Biokohle.

- Rückstände bzw. Reststoffe aus Vergärungsanlagen wie zum Beispiel „Kompogas"-Systemen.

- Biomasse aus Grünabfuhren (u.a. zur Ermittlung der Fremdstoff-Toleranzen).

- Rezyklate aus gebrauchten Produkten wie z.B. aufgeschnittenen Kaffee-Caps.

- Nicht mehr konsumfähige Ware aus dem Früchte- und Gemüsehandel sowie aus dem Frischprodukte-Rückfluss von Grossverteilern.

Versuche mit der Applikation von Biokohle

Parallel zur Anlage wird in freien Räumlichkeiten des Areals ein Labor eingerichtet, in welchem die produzierte Biokohle geprüft und bewertet, deren Applikationsoptionen ausgetestet und Vermarktungskonzepte entwickelt werden können. Schwerpunkte dieser Tätigkeit sind beispielsweise:

- Entwicklung von Qualitätsnormen sowie von Verfahren und Methoden zu deren Bestimmung.

- Durchführung von Applikations- und Qualitätstests im landwirtschaftlichen Bereich, in Kooperation mit agrarwirtschaftlichen Forschungsanstalten.

- Durchführung von Anwendungstests im Bereich der Filtersysteme für Luft und Wasser, einschliesslich Regenerations- und Recyclingroutinen.

- Prüfung von Optionen im bauphysikalischen und baubiologischen Bereich. Durchführung von Tests vor Ort.

- Prüfung von weiteren Optionen in den Bereichen der Individual- und der Kollektivhygiene.

- Prüfung von Entwicklungsoptionen für den Einsatz von Biokohle im Bereich der Elektronik.

- Entwicklung von Optionen für den Einsatz von Biokohle im Bereich der Medizin und der Nahrungsergänzung, als Monopräparate wie auch in Kombination mit anderen biologischen Substanzen.

- Versuche mit Biokohle im Bereich des Strahlenschutzes und der Neutralisierung elektromagnetischer Felder, evtl. in Kooperation mit dem geplanten „Institut für elektromagnetische und geopathische Hygiene".

Erweiterungsoptionen

Unter „Erweiterungsoptionen" ist die Modifikation und Skalierung des Basis-Systems zu verstehen – von der Pyrolyse-Anlage mit affiliertem Logistik-Service für Quartiere, Siedlungen und grössere Einzelobjekte bis hin zur Komplettlösung für Abwasser-Reinigungsanlagen. Konkret:

- Prüfung von Automatisierungsoptionen unter Einbezug von Pellet-Silos, Beschickungsanlagen und Biokohle-Containern.

- Prüfung automatischer Entnahme-Vorrichtungen für Biokohle.

- Erarbeitung von Gesamtlösungen für die Abwasserreinigung inkl. Reinigungsstufe 4 für Mikroverunreinigungen.

- Entwicklung automatisierter mobiler Anlagen für land- und forstwirtschaftliche Betriebe.

CO-2-Management

Für die Erfassung der CO-2-Kompensationsansprüche bzw. die Erstellung entsprechender Zertifikate einer neuen Generation werden alle erforderlichen Messpunkte definiert und entsprechende Protokollierungsoptionen vorbereitet – so, dass die Ergebnisse fälschungs- und manipulationssicher dokumentiert werden können. Vor allem handelt es sich dabei um folgende Aufgaben:

- Definition der Messmethoden und Messpunkte einschliesslich der Anforderungen an Messintervalle und Messgenauigkeit. Erstellen der entsprechenden Protokoll-Matrices.

- Erstellung einer Dokumentation für die Festlegung der Parameter und die konkrete Umsetzung der statistischen Anforderungen.

- Verhandlungen mit den zuständigen Behörden über die CO-2-Entschädigungsfrage bzw. die Zertifikatstarife.

- Errichtung der erforderlichen Infrastruktur für die Lenkung und Verarbeitung der entsprechenden Entschädigungsflüsse.

Die Pilotanlage kann dabei zugleich als Vorzeige- und Demonstrationsobjekt bewirtschaftet werden. Sie kann in dieser Funktion jederzeit Interessenten im Betrieb vorgeführt werden und dient damit zugleich als Anlaufstelle für Entitäten, welche Biokohle im Rahmen ihrer Aktivitäten produzieren und/oder einsetzen wollen oder die sich mit der Absicht tragen, das hier skizzierte Modell der Nutzung der Technologie im Rahmen der Entwicklungszusammenarbeit zu unterstützen. .

Appendix 8

Anstiftung zur Mitwirkung:

Eine Mitgliedschaft beim geplanten „Verein zur Förderung der Bio-Pyrolyse" lässt Sie an vorderster Front an einem Projekt zur Sicherstellung der Energie- und Ernährungsgrundlagen teilnehmen, welches das ökologisch und sozial Wünschbare mit dem technisch und ökonomisch Machbaren kombiniert.

I.

Der Verein hat zum Zweck, die hier skizzierte „Biokohle-Strategie" gestützt auf das Pariser Klimaabkommen zu initialisieren und zu fördern mit dem Ziel, die Ernährungsgrundlage für künftige Generationen auf ökologischer Basis sicherzustellen und dabei auch Aspekte der Sozialverträglichkeit und der nachhaltigen Beschäftigungswirksamkeit einzubeziehen.

II.

Er tut dies zunächst mit der Unterstützung der Forschung und Entwicklung im Bereich der Biomasse-Pyrolyse, die den Proof für ihre Nutzanwendung bereits vor längerer Zeit erbracht hat. Als Erstes steht dabei der Aufbau einer Chargen-Pilotanlage für die Pyrolyse verschiedenster biologischer Stoffe – sowohl sortenreiner wie auch von Mischgut – auf dem Programm. Diese Versuchsanlage soll in der Schweiz erstellt werden.

III.

Im Anschluss an diese Versuche und auf der Basis der daraus gewonnenen Expertise soll ein Modell für die 3. Welt entwickelt werden, welches einfach zu bewirtschaften ist und den Betreibern einen optimalen praktischen und wirtschaftlichen Nutzen bietet.

IV.

Der Verein pflegt einen intensiven Kontakt zu den Behörden, welche für den Vollzug der Energiegesetze und für die Durchsetzung der energiewirtschaftlichen wie auch die energietechnischen Regulierungen zuständig sind. Dies mit dem Ziel, gemeinsam mit diesen Organen die Preise für die von den entsprechenden Anlagen generierten CO-2-Zertifikate der beschriebenen neuen Qualität festzulegen und allenfalls auch organisatorische Massnahmen für ein entsprechendes Clearing zu treffen.

V.

Weitere Kontakte werden zu NGOs mit Fokussierung auf Klimaschutz und 3. Welt sowie zu Grossunternehmen aufgebaut und gepflegt, welch letztere zusammen mit ihren

Kunden einen freiwilligen Beitrag zum Klimaschutz leisten
wollen – als Massnahme zur Kunden- und zur Imagepflege.

VI.

Beziehungen pflegt der Verein im Weiteren zu Stiftungen aller
Art, die im Umwelt- und Klimaschutz oder in der
Entwicklungshilfe engagiert sind. Dies mit dem Ziel, sie für ein
entsprechendes Engagement – vor allem im Bereich der
Initialisierung entsprechender Projekte – zu gewinnen.

VII.

Der Verein alimentiert sich aus den Mitgliederbeiträgen sowie
aus privaten Zuwendungen, Legaten und Mitteln von
Stiftungen und Fonds, aus Sponsoren-Beiträgen sowie aus
Beiträgen, die ihm für bestimmte Projekte zufliessen. Dabei
kommen nebst gemeinnützigen auch kommerzielle Projekte
in Frage, die den Beitragszahlern zu geldwerten Vorteilen
verhelfen können.

VIII.

Der Verein wird bemüht sein, seine Mitglieder an den im In-
und Ausland mit seiner Hilfe generierten CO-2-Zertifikaten zu
vorteilhaften Konditionen partizipieren zu lassen, damit sie zu
gegebener Zeit ihre CO-2-Kompensationen direkt leisten
können. Sollte dies so nicht realisiert werden können, wird
den Mitgliedern die Inanspruchnahme bzw. Zeichnung eines
speziellen Fonds ermöglicht, mit dem sich entsprechende
Zertifikate generieren lassen. (Siehe nächsten Abschnitt).

IX.

Weiter wird der Verein bestrebt sein, einen speziellen, offenen Fonds zu konstituieren, über welchen vorwiegend Kleinanlagerund Pensionskassen das Projekt oder einzelne Entitäten daraus mitfinanzieren können. Ersteren soll dabei die Möglichkeit eingeräumt werden, ihre Erträge in der Form von CO_2-Zertifikaten zu beziehen, die sie an den entsprechenden internationalen Börsen verkaufen oder zur Kompensation ihres eigenen CO_2-Ausstosses nutzen können. Das Vorhaben soll in Kooperation mit einer Bankengruppe realisiert werden, die sich in ihrer Geschäftspolitik zur Unterstützung des Klimaschutzes bekennt. Oder es kann in Kooperation mit einem Konsortium verwirklicht werden, welches an der Realisierung einer dem Klimaschutz dienenden Kryptowährung (einem sog. „Climate Coin") interessiert ist.

X.

Weitere Benefits für die Vereinsmitglieder sind im Bereich der Biokohle-Nutzungen (als Substrate, Düngemittel und Filtermaterialien) geplant. Die Realisierbarkeit hängt davon ab, ob in der Schweiz und Deutschland genügend Pilotanlagen realisiert werden können, deren Konzept auf die lokalen wirtschaftlichen Gegebenheiten ausgerichtet ist.

XI.

Die Mitgliedschaft des Vereins rekrutiert sich aus Passivmitgliedern, die eine Eintrittsgebühr bezahlen und danach freiwillige Beiträge leisten können, Aktivmitgliedern,

die eine Aufnahmegebühr und danach feste Jahresbeiträge
entrichten (beide als natürliche Personen) sowie Sponsoren
(primär als juristische Personen), welche allgemeine und/oder
projektbezogene Sponsorbeiträge leisten.

Appendix 9

Das Modell PYR-A-SOL

Projektskizze für die Schaffung eines universellen, autarken und sich in den Kreislauf der Natur eingliedernden Versorgungs- und Bewirtschaftungssystems mit den Komponenten Energiegewinnung, Wasserreinigung, Bodenmelioration, Optimierung der Nahrungs- und Futtermittelproduktion, Entsorgung und Hygiene sowie Oeko-Motorisierung, erweitert durch die Schaffung einer ergänzenden wirtschaftlichen Grundlage.

Vorbemerkung

Als lokal umsetzbares und in sich geschlossenes Applikationsmodell auf der Basis der in dieser Publikation vorgestellten innovativen Technologien, Systeme, Methoden und Verfahren hat die Arbeitsgemeinschaft Innovationscontainer das nachfolgend skizzierte Modell „Pyr-A-Sol" geschaffen, mit welchem sich vor allem in Entwicklungs- und Schwellenländern skalierbare Produktionseinheiten teilweise subsistenzwirtschaftlichen

Charakters konstituieren und betreiben lassen. Hier die Eckdaten der auf durchwegs realen und realisierbaren Entitäten fussenden Projektskizze:

Ausgangslage

Entwicklungs- und Schwellenländer leiden an einer suboptimalen bis schlechten Nutzung und/oder einer Übernutzung ihrer natürlichen Ressourcen, an einer inädequaten Infrastruktur in den Bereichen Produktion, Verkehr, Versorgung und Entsorgung, Medizin und Hygiene. Abhilfe versprechen weder grosstechnologische Produktions- und Versorgungsstrukturen mit ihren chemischen und potentiell mutagenen biotechnologischen Keulen und ihren mittel- und langfristig kontraproduktiven Sekundär- und Tertiärwirkungen. Sie bedürfen vielmehr kleinstrukturierter, optimal vernetzter Versorgungs- und Bewirtschaftungssysteme, welche sich in die Kreisläufe der Natur integrieren, ein hohes Mass an lokaler Autonomie und Autarkie schaffen und sich ausserdem als beschäftigungswirksam erweisen.

Die PYR-A-SOL-Strategie

Diese Ziele verfolgt die PYR-A-SOL-Strategie, die sich auf neue Technologien stützt, auf welche wir im Rahmen unsrer Arbeitsgemeinschaft und unseres Netzwerks Zugriff haben. Die Strategie umfasst Engagements in den Bereichen der Herstellung von Biokohle und Biotreibstoff vor Ort aus Biomasse, der Wasserreinigung und Trinkwasseraufbereitung mittels Biokohle, der Bewirtschaftung und Optimierung von Agrarflächen und stehenden Gewässern, der Ertragsoptimierung beim Anbau von Agrarprodukten, dem Einsatz neuartiger, hocheffizienter Motoren für Transport, Bewirtschaftung und Stromproduktion, der allgemeinen Hygiene und Entsorgung. Da im Rahmen der Herstellung von Biokohle Kohlendioxid bzw. Kohlenstoff rezykliert und als Bodenverbesserungs- und Düngemittel sowie als Filter- und Baumaterial dauerhaft inertisiert wird, werden zugleich CO_2-Zertifikate einer neuen Qualität geschaffen, die zur Amortisation der technischen Anlagen und der Infrastruktur beigezogen werden können. Dies im Sinne einer praxis- und effizienzorientierten, sich über den CO_2-Ausgleich selbst finanzierenden Entwicklungshilfe.

Bio-Pyrolyse

Kernstück des Systems bildet eine moderne Pyrolysetechnik für Grüngut, welche auf die jahrhundertealte Köhlereitechnik zurückgreift und Biomasse aller Art in Biokohle umwandelt. Biokohle wiederum ist ein sehr vielseitig einsetzbares Filter-, Hygienisierungs- und Baumaterial, dessen wertvollste Funktion jedoch in der Optimierung agrarwirtschaftlich genutzter Areale besteht: Dank der hohen Wasserspeicherfähigkeit trägt das Material zur Optimierung der Bodenstruktur bei, saniert zu trockene, zu nasse oder überdüngte Böden und versorgt die darauf gezogenen Pflanzen kontinuierlich mit Mineralstoffen.

Sekundär- und Tertiärwirkung

Neben Biokohle erzeugt die Biopyrolyse-Anlage Prozesswärme welche zu Trocknungs- und Heizzwecken wie auch zur Produktion elektrischer Energie eingesetzt werden kann. Ausserdem bindet und inertisiert jedes Kilo Biokohle das aus 1 kg Erdöl und deren Derivaten freigesetzte Kohlendioxid bzw. dessen Kohlenstoff. Dies macht die Technologie zu einem wertvollen und ertragswirksamen Instrument des CO2-Recyclings, welches im Rahmen des Pariser Klimaabkommens Verbindlichkeit erlangte. Daraus resultieren denn auch neuartige Zertifikate, die nicht auf der Vermeidung von Kohlendioxid-Freisetzungen, sondern auf der Rückführung des „Klimagases" aus der Atmosphäre basieren.

Wasserreinigung, Trinkwasser-Produktion

Biokohle lässt sich hervorragend für die Reinigung von verunreinigtem Süsswasser aller Art zu hochwertigem Trinkwasser nutzen. Die zu entsprechenden Filterzwecken genutzte Biokohle lässt sich in der Bio-Pyrolyseanlage – beispielsweise als Zuschlagstoff für die Erhöhung des Feststoff-Anteils bei zu feuchter Biomasse – optimal rezyklieren. Die Biopyrolyse-Anlage eignet sich somit nicht nur für die Herstellung von Biokohle, sondern auch für deren Regeneration.

Bio-Treibstoff

Biomasse kann in einer dem pyrolytischen Prozess vorgeschalteten Vergärungsanlage zur Produktion von Ethanol und Methanol genutzt werden. Methanol wiederum kann in kleinen Mengen auch für die Förderung des Wachstums von Pflanzen aller Art verwendet werden. Und selbstverständlich können die Stoffe für den Antrieb moderner Mehrstoffmotoren für Motorfahrzeuge, agrarwirtschaftliche Arbeitsmittel, Generatoren zur Erzeugung elektrischer Energie und für Pumpen verwendet werden.

Integrierte Agrarflächen-Bewirtschaftung

Dank der Bio-Pyrolyse können Anbauflächen selbst minderer Qualität für die schonende Intensiv-Bewirtschaftung genutzt werden – je nach lokalen und klimatischen Gegebenheiten für die Produktion von Hülsen- und anderen Früchten, die sich teilweise auch für die Ölproduktion nutzen lassen – so beispielsweise die Rizinus-Pflanze, die nicht nur ein interessantes Fasermaterial für Textilien abgibt, sondern auch ein interessantes Additiv für die Brennwert-Steigerung von Treibstoffen liefert. Und die Ernteabfälle wiederum werden der Biokohle-Produktion zugeführt.

Tümpel-Bewirtschaftung

Eine besonders faszinierende Bewirtschaftungs-Variante stellt die Nutzung von natürlichen und von künstlich angelegten Tümpeln dar, in welchen das Meteorwasser gesammelt und genutzt werden kann – und zwar sowohl als Giess- wie auch als Trinkwasser; letzteres nach einer Aufbereitung mit Biokohle und einer zusätzlichen Sonnenstrahlen-Exposition. Zugleich kann der Tümpel für die Zucht von Wasserlinsen genutzt werden – einer der weltweit schnellstwachsenden Pflanzen, die sowohl für Ernährungs- wie auch für Futterzwecke und als universelle Biomasse verwendet werden kann.

Moderne Mehrstoff-Motoren

Gestützt auf eine neuartige Motoren- und eine innovative Düsen-Technologie können neuartige Verbrennungs-Antriebe gebaut und betrieben werden, die sich mit einem vor Ort produzierten Gemisch aus Bio-Ölen, Ethanol, molekularem Sauerstoff und kristallinem Wasser betreiben lassen. Gegenüber herkömmlichen Verbrennungsmotoren weist die neue Technologie die Vorteile einer einfacheren, leichteren und zugleich robusteren wie auch langlebigen Konstruktion auf, die weniger Unterhalt benötigt. Diese Motoren lassen sich für verschiedenste Antriebsarten einsetzen – so für einfache pistentaugliche Fahrzeuge, Generatoren für die Produktion elektrischer Energie, Grund- und Schmutzwasserpumpen und den Betrieb von Förder- und Produktionsanlagen.

Hygiene

Ein ungelöstes Problem stellt in vielen Gegenden Afrikas, Südamerikas, Mittelamerikas und Asiens die menschliche Hygiene dar. Ein besonders problematisches Defizit herrscht dabei insbesondere bei Toilettenanlagen, deren Fehlen Ursache vieler Erkrankungen bildet. Ein anderes Problem ist der Wassermangel, der einen umsichtigen Umgang mit Wasser und dessen Qualität nahelegt. Das Problem kann einerseits mit geschlossenen Wasserläufen im Brauchwasserbereich, anderseits mit Trocken-WC-Anlagen gelöst werden, die mit mehrschichtig beschickten Biokohle-Behältern gelöst werden. Fäkalien und Urin werden darin hygienisiert; gebrauchte Inhalte können zu Düngerzwecken genutzt oder in der Biokohle-Anlage rezykliert bzw. regeneriert werden.

Initialisierung

Das PYR-A-SOL-System sollte mittels einer Pilotanlage in Südeuropa initialisiert werden, um einerseits die Tauglichkeit des Konzepts zu beweisen und zu dokumentieren und anderseits an den einzelnen Systemkomponenten Korrekturen und Finassierungen vornehmen zu können. Dieser Versuchsbetrieb sollte jedoch ausserhalb der EU aufgebaut werden – einerseits, um die vergleichsweise hohen Kosten innerhalb der Union zu vermeiden, und anderseits, um den in der EU vorherrschenden Vorschriften zu entgehen, die ihrerseits die Kosten von Neuentwicklungen in astronomische Höhen treiben können, ohne dass sich dadurch für das zu schaffende Produkt ein Nutzen ergibt. Als Versuchsort käme beispielsweise Serbien in Frage, wo eine entsprechende

Anlage gleichsam „unter dem Radar" realisiert und betrieben werden könnte.

Weitere Optionen

An die hier skizzierte Grundstruktur können nach und nach weitere eigenwirtschaftliche Funktionseinheiten angehängt werden. So beispielsweise kleinere Schweinefarmen, für deren rationellen und zugleich tiergerechten Betrieb ebenfalls das in der Arbeitsgemeinschaft Innovationscontainer vorhandene Know-How mobilisiert werden kann; ebenso wie für die Verwertung der Tiere, die für den lokalen Verzehr genutzt werden können, während die Schlachtabfälle vor Ort beschäftigungswirksam zu gesuchten Grundmaterialien verarbeitet werden können.

Fazit

Das vorgeschlagene, auf multiplen innovativen Ansätzen beruhende PYR-A-SOL-Modell weist gegenüber herkömmlichen Systemen eine ganze Reihe von Vorteilen auf, deren wichtigste jedoch zweifellos die Autarkie, die Praktikabilität im kleinen Rahmen, die Beherrschbarkeit der Technologien und vor allem auch die Selbstfinanzierung durch das Kohlendioxid-Recycling darstellen. Dazu kommt, dass die Initialisierung des Gesamtsystems und der Aufbau eines entsprechenden Probebetriebs schrittweise und zu vergleichsweise überschaubaren Kosten erfolgen können.

Epilog:
Wir schaffen das!

„Wir schaffen das!" Mit diesen drei zu Berühmtheit gelangten Worten hat eine emotional sichtlich bewegte **Bundeskanzlerin Angela Merkel** am 31. August 2015 eine Devise zur deutschen Flüchtlingspolitik ausgegeben, die sich zwar in der Folge als zu optimistisch erwies und partiell revoziert werden musste. Doch wenn auch Gegenstand und Zeitpunkt sich als denkbar ungünstig und auch unzutreffend erwiesen, **so handelt es sich doch um einen ausgezeichneten Slogan.**

Denn im Gegensatz zur ebenfalls zu Berühmtheit gelangten Metapher „Es gibt viel zu tun. Packen wir's an!" (Exxon-Werbung aus den 80-er Jahren) beinhalten die von Merkel geprägten Worte die **Zuversicht, auch grosse und grösste Herausforderungen bewältigen zu können**, selbst wenn die aktuelle Konstellation noch keine Lösungsansätze erkennen lässt. Allerdings: Wer diese Worte öffentlich äussert, sollte die Lösungsmuster bereits im Tornister haben.

Dies trifft für die Gross-Engagements unserer im Verhältnis dazu recht überschaubaren **Arbeitsgemeinschaft zur konstruktiven Behebung überwältigender Problemsituationen** der grenzüberschreitenden Art mit zumeist komplexen technischen, wirtschaftlichen, gesellschaftlichen und umweltspezifischen Komponenten eindeutig zu. So haben wir denn auch unsere Problemlösungs-Initiativen unter diesen mitreissenden Ausdruck der Zuversicht gestellt.

Der „Innovations-Container" ist eine Arbeitsgemeinschaft von Entwicklungsingenieuren, Physikern, Ärzten, Konzeptionisten, Immaterialgüter-Bewirtschaftern, Marketing-Fachleuten und innovativen Unternehmern aus der DACH-Region (Deutschland, Österreich, Schweiz), die sich der **Förderung umwelt- wirtschafts- und sozialverträglicher Innovationen** verschrieben hat. Schwerpunkte des Engagements bilden die Branchen Medizin, Energiewirtschaft, Sicherheit, Service Public und Umwelt.

Im vorliegenden Fall geht es darum, das heute lediglich auf Deklarationen und diffusen Realisierungsvorstellungen – also auf Papier und als Virtualitäten – gründende Klimaabkommen von Paris nicht nur in sinnvolle Massnahmen zu fassen und zu konkretisieren, sondern zugleich zum **weltweiten Accord für die Sicherung der Energieversorgung und der Nahrungsquellen auf ökologischer Basis auszubauen.** Und dies erst noch zu wirtschaftlich verhältnismässigen und verkraftbaren Konditionen.

Dies unter **Nutzung einer alten und mit zeitgemässen technischen Mitteln zu neuer Aktualität gelangten Technologie**, die es ermöglicht, die wichtigsten Tools zur Problemlösung in die natürlichen Kreisläufe zu integrieren. **Dies verhilft uns zur Zuversicht, es wirklich schaffen zu können** – wenn auch bloss unter der Bedingung, dass es gelingt, den mit kurzfristigen Einzelinteressen, ideologischen Versehrtheiten und Absurditäten aller Art reichlich besetzten politischen Haifischteich ohne grössere Blessuren zu durchqueren.

Arbeitsgemeinschaft Innovationscontainer

Zum Autor

Beat René Roggen war schon in seiner Studienzeit als Journalist tätig – getrieben von der Neugier, den Dingen auf den Grund zu gehen, wie auch vom Drang, stets nach neuen Ansätzen, Betrachtungsweisen und Lösungen Ausschau zu halten. In seiner früheren Funktion als Redaktor verschiedener Organe aus den Bereichen des Tages-, Magazin- und Fachjournalismus unterstützte er denn auch stets innovative Ideen und Modelle in Wirtschaft und Gesellschaft, und in seinem späteren Engagement als Unternehmensberater im Bereich der Kommunikation half er manchen seiner Brötchengeber, ihre Chancen im Markt durch die Umsetzung neuer und bisweilen disruptiver Gedanken besser wahrzunehmen.

In dieser Eigenschaft als Entdecker und Förderer neuer Ideen, Konzepte, Verfahren, Methoden und Produkte ist Beat René Roggen heute als Moderator der Arbeitsgemeinschaft Innovationscontainer tätig, eines Netzwerke von von Entwicklungsingenieuren, Physikern, Ärzten, Konzeptionisten, Immaterialgüter-Bewirtschaftern, Marketing-Fachleuten und innovativen Unternehmern aus der DACH-Region (Deutschland, Österreich, Schweiz), die sich der Förderung umwelt- wirtschafts- und sozialverträglicher Innovationen verschrieben hat. Schwerpunkte des Engagements bilden derzeit die Branchen Medizin, Energiewirtschaft, Sicherheit, Service Public und Umweltschutz.

Mit dem vorliegenden Werk will der Autor auf einen Sachverhalt hinweisen, der in Laienkreisen noch kaum bekannt ist und der zugleich von den „Klimabewegten" in Politik, Administration und Wissenschaft konsequent ignoriert wird – teils bewusst, teils unbewusst, in jedem Falle aber getrieben vom Bestreben, das Klimaproblem und die Kohlendioxid-Thematik möglichst erschöpfend zu bewirtschaften statt lösungsorientiert ans Werk zu gehen.

Anders ist es jedenfalls nicht erklärbar, weshalb eine Technologie, welche seit Jahrhunderten praktiziert wird und die vor kurzem dank schweizerischer Initiative nachhaltig perfektioniert und zugleich für den Klima- wie auch für den Umweltschutz adaptiert wurde, völlig unbeachtet bleibt – und zwar vor allem auch von jenen, die besonders laut nach entsprechenden Lösungen rufen. Konkret handelt es sich dabei um die Bio-Pyrolyse, mit deren Hilfe nicht nur das Pariser Klimaabkommen sinngemäss gelöst werden könnte, sondern die ausserdem dazu beitragen könnte, die Agrarwirtschaft weltweit auf eine naturnahe, ertragreiche und klima- wie umweltverträgliche Basis zu stellen.

Die vorliegende Publikation und das Engagement der Arbeitsgemeinschaft Innovationscontainer, welcher der Autor in der Funktion eines federführenden Moderators dient, sollen dazu beitragen, dieser teils vorsätzlichen, teils fahrlässigen Ignoranz Paroli zu bieten.

Informationsquellen

Die in diesem Buch vorgestellten innovativen Konzepte, Systeme und Methoden sind nach Überzeugung des Autors und der Arbeitsgemeinschaft Innovationscontainer geeignet, die sich auf irrationalen Pfaden bewegende Klimadiskussion auf den Boden der Realität zurückzuholen, mit wirklichkeitsnahen Inhalten zu versehen und auf technologisch wie wirtschaftlich erreichbare Ziele auszurichten.

Personen, die sich über die hier beschriebenen Innovativen Konzepte, Modelle und Systeme wie auch über den geplanten „Verein zur Förderung der Biopyrolyse" näher informieren wollen und allenfalls auch bereit sind, Entwicklungen im skizzierten Sinne zu unterstützen, erhalten weitere Informationen unter www.innovationscontainer.com. Hier werden **auch in periodischen Abständen Updates über die verschiedenen Engagements der Arbeitsgemeinschaft Innovationscontainer** und der in ihrem erweiterten Netzwerk tätigen Teams aus den Bereichen der Gesundheit, der Energiewirtschaft, der Fachbereiche Umwelt und Klima sowie der Sicherheit und des Service Public veröffentlicht.

Alle Anfragen werden vertraulich behandelt; die Adressen und personenbezogenen Daten werden nicht an Dritte weitergegeben. Umgekehrt sind Informationen, die Interessenten von der Arbeitsgemeinschaft Innovationscontainer oder von Stellen aus ihrem erweiterten Netzwerk erhalten, nicht als verbindlich zu betrachten; es ist allein deren Ermessen überlassen, ob und wie sie davon Gebrauch machen wollen.